时装设计师的必修课程
通往设计过程的创新之路

## 内 容 提 要

时装设计是一种具有创新性的体验，设计的过程不应拘泥于一成不变的步骤和方法。

本书所追踪的时装设计师，以多元的调研方法为基础，形成独特的设计风格；以全新的创意设计思维和技艺驾驭能力，完成最终的设计作品。

本书专业性强，读者通过阅读，可以对设计过程增进认识与理解，而且可以从设计师创新思维的角度，将它转化为有用的素材。

原文书名：FASHION THINKING
原作者名：Fiona Dieffenbacher
©Bloomsbury Publishing Plc 2013
This translation of *FASHION THINKING* is published by China Textile & Apparel Press by arrangement with Bloomsbury Publishing Plc.
本书中文简体版经 Bloomsbury Publishing 授权，由中国纺织出版社独家出版发行。本书内容未经出版者书面许可，不得以任何方式或任何手段复制、转载或刊登。

**著作权合同登记号：01-2013-3519**

### 图书在版编目（CIP）数据

时装设计：从创意到实践 /（英）菲奥娜·迪芬巴赫著；袁燕，肖红译. -- 北京：中国纺织出版社，2018.11

（国际时尚设计丛书·服装）

书名原文：FASHION THINKING: GREATIVE APPROACHES TO THE DESIGN PROCESS

ISBN 978-7-5180-5583-8

Ⅰ. ①时… Ⅱ. ①菲… ②袁… ③肖… Ⅲ. ①服装设计 Ⅳ. ① TS941.2

中国版本图书馆 CIP 数据核字（2018）第 263944 号

责任编辑：宗　静　责任校对：楼旭红
责任设计：何　建　责任印制：何　建

中国纺织出版社出版发行
地址：北京市朝阳区百子湾东里 A407 号楼　邮政编码：100124
销售电话：010—67004422　传真：010—87155801
http: //www.c-textilep.com
E-mail：faxing@c-textilep.com
中国纺织出版社天猫旗舰店
官方微博 http: //weibo.com/2119887771
天津市光明印务有限公司印刷　各地新华书店经销
2018 年 11 月第 1 版第 1 次印刷
开本：635×965　1/8　印张：28
字数：371 千字　定价：98.00 元

凡购本书，如有缺页、倒页、脱页，由本社图书营销中心调换

国际时尚设计丛书·服装

# 时装设计：从创意到实践

时装设计师的必修课程
通往设计过程的创新之路

[英] 菲奥娜·迪芬巴赫 著
（Fiona Dieffenbacher）

袁燕　肖红　译

中国纺织出版社

# 目录

# 前言
## 雪莉·福克斯（Shelley Fox）

　　在时尚行业中，设计师们总是不断地寻找"下一个设计"，本书试图阐明如何才能实现"下一个设计"，并用实例说明就工作方法而言没有对错之分。它试图解析创意设计的过程——在独特的设计风格的形成过程中调研起到重要的作用，并且为时尚设计师的创意思维提供了有效的帮助。本书旨在使读者了解，为什么初期调研是拓展个性化风格的基础。

　　访谈将揭示如何对一些比较隐晦或者假设的创意展开研究，只有那些经历这个过程，并从根本上了解这个过程的人才能明白。而案例研究则充分阐明了初期调研的基本需要，通过对个性设计师设计过程的追踪，也充分地说明这一点。

　　在时装设计教育体系中，设计调研是一个不可或缺的环节。设计调研的核心思想是围绕创意理念进行调研，这一点要求设计师应以他们的知识与实践为基础。手工技艺的实际操作或者创意的构思都是非常有价值的，同时，还可以围绕现代时尚设计实践的各个方面形成个性化的设计体系。

　　当然，不是所有的调研都能获得明确的结论，但调研绝不会是徒劳的，它训练眼睛不只是"看"，而是"看到"，同时凭直觉感知并进行反思。

　　现在，我的设计实践与研究过程已潜移默化成为我自己的教学方法，我从未把这两者割裂开来。设计师必须采取开放式的工作方式，以便为未来的创意思考打下基础。

　　作为一名独立的时装设计师，我会围绕着我自己的商业架构，通过手工技艺建构起自己的视觉形象，我的作品始终是以强大而真实的调研为基础的。这一点很重要，我一直坚信，在面料拓展方面的创新追求可以构建起个性化的设计，同时也可以使自己在非常激烈的行业竞争中脱颖而出。

　　本书是一本专业图书，无论是针对个人还是大型的时尚设计团队都可以通过阅读本书，增进对设计调研的认识与理解，并将它转化成为有用的素材。

**1**
贝尔塞（Belsay）的时尚，2004
基思·佩兹利（Keith Paisley）拍摄

FASH
THIN

Con

"在设计过程中，我一直在结构与混沌之间不断转换。"

——伊瑞斯·凡·赫本（Iris Van Herpen）

text

# Context
# 背景介绍

## 设计过程概述

时装设计过程本身就充满了神秘色彩。尽管你可以从无以计数的网页和博客中立刻获取时装秀的相关信息，但它通常会显现出神秘感——就仿佛圈内人对私家秘密守口如瓶，而圈外人只能偷窥其中的精彩一般，而这些资讯正预示着潜意识中存在的共通的时代潮流。

设计师绘制草图、选择面料并在模特身上进行立体裁剪和试衣的过程和画面，我们都非常熟悉。的确，这些步骤是设计体验中非常核心的部分。但是要想更多地了解设计师如何拓展他们自己独特的方法和思维过程，却会无从知晓。

并非每位设计师的设计过程都始于草图的绘制，事实上，一些设计师根本不画草图，唐娜·卡兰（Donna Koran）和伊莎贝尔·托莱多（Isabel Toledo）就是两个这样的例子，他们更愿意从面料选择开始，或从平面纸样和三维立体造型的方式开始。没有两个设计过程是完全相同的。由于个人设计哲学和审美的差异，每位设计师都会有其各自不同的设计过程。

对于时装设计构思多样性的研究正是本书力求捕捉的要点问题。这样可以重点体现出工作方式的多元化，并以此来打破传统设计过程中单一的构思思维模式。

其他章节则围绕着设计过程提出了"普遍适用的万全之策"的实现步骤：设计研究→草图绘制→平面纸样/立体造型→面料→制作。这样的顺序被业内众多设计师所接受，对于实用的设计进程模块的建构而言，这些步骤是必不可少的，而这个设计顺序本身也不是唯一的。设计师应该根据他们自己特定的视角和本能驱使，采纳借鉴或者颠倒运用这一过程。

或许最好的建议就是，你可以按照任何对你有效的顺序进行设计创作——而这个过程中唯一不变的就是设计师。设计师可以独立决定如何开始、如何拓展和如何分解设计进程直至得出最后的结论。

揭开设计过程的神秘面纱并非易事，这也不是设计师所热衷做的事情。然而，仍然有必要对各种不同的设计方法进行调研并举例说明，其目的在于通过对比，使新晋设计师发现适合他们自己的设计方法。

本书追踪了九位设计师，记录了他们对不同的设计任务书的反应以及他们在创意、概念和设计三个阶段中的思维过程。出于本书的目的，我们仅将焦点聚集在这些项目的创意阶段，一些创意获得了二维产物，而另一些创意则带来了三维立体的系列设计。

希望这不是"皇帝的新衣"，而且，在揭开设计过程神秘面纱的同时，我们会发现，"皇帝"并不是全裸的，而是被具有一定意向倾向的装束和一系列揭示着永无止境创意进程的决策所覆盖着。

就设计方法而言，没有所谓"正确"或"错误"的方式。任何事物都有其内在的联系。设计师就是解决问题的人。问题代表着需要解决的挑战，而这些挑战往往带来最原创的设计，或者至少是设计师最初没有想到的设计。在这个过程中也必须接受错误，因为它们常会带来不可预知的伟大发现，从这些发现中可以获得将廓型和形态继续推衍的鲜活概念。创新往往会在混沌与杂乱中与错误接踵而至。

时装设计思维涉及设计师在工作中所需驾驭的大量技能，其中也包含了设计过程本身的混沌。这也许包括颠覆传统的设计方法，或者运用它们来发掘时装设计创意与制作的新方法。

设计是一个包含不确定步骤的过程。正如本书中列举的项目，可以有多个切入点进入设计过程，同时还会获得各种解决办法。这期间，对于每位设计师而言，有些方面是一致的（尽管顺序会有所不同），他们会始终如一地借助一些工具来完成最终的设计，而其余的工具则要从外界获取。

## 挑战现状

几十年来，在诸多领域中，许多标志性的变革者，都从历史或者传统的角度对事物形成的方式提出挑战。在他们中间，一些设计师在汲取传统技艺的同时进行颠覆设计［如亚历山大·麦昆（McQueen）/萨维尔街订制（Savile Row tailoring）］，而另一些设计师则从根本上重新定义自己的流派［如川久保玲（Comme des Garcons）/梅森·马丁·马吉拉（Maison Martin Margiela）］。

创新者不会受流行观点的左右；他们无所畏惧地进入到了一个其他人都不曾看到的全新境界。这才是真正的设计师，与其他领域的改革者一样。

回顾时装史，许多具有里程碑意义的设计师对现状提出了挑战，最终造就了文化并给社会带来影响。每隔十年，就会看到一些迥异的转变及其重要引领者。例如，20世纪20年代，加布里埃·可可·夏奈尔（Gabrielle Coco Chanel）通过利用质朴的面料，如棉针织布，作为日常时装，将舒适性与设计风格相结合，为时尚带来革新。20世纪30年代，艾尔莎·夏帕瑞丽（Elsa Schiaparelli）通过与萨尔瓦多·达利（Salvador Dali）的超现实主义的合作，将时装和艺术相结合。几十年后，维维安·韦斯特伍德（Vivienne Westwood）和马尔科姆·麦克拉伦（Malcolm McLaren）将时装和音乐相结合，并建立了70年代的反体制(Anti–establishment)朋克运动。创新者在对文化做出思考的同时也提出了挑战。时装居于时代舞台的中心，扮演着重要的角色，因为设计师挖掘出共同的时代精神与潮流，对我们下意识的选择带来影响，而在这个过程中我们通常是毫无察觉的。

对于当今的时装教育提出的主要问题是，"我们是在培训学生设计服装，还是创造时尚？是制作者还是创造者，或者两者都是？"如果我们训练学生了解这两个领域的差异，并让他们了解真正意义上的时装创作是怎样的，我们需要鼓励他们将设计思维作为一种想象的方法，想象那些并非真实存在的事物。然后，我们将看到迈向创新的真实转变。但是，如果我们只是以一种机械而平庸的设计过程培训学生，那么，我们就完完全全地本末倒置了。

## 确立架构

架构存在于任何地方——有些架构明显，有些不明显。例如，钢琴上的键盘为音乐家创作音乐提供了结构和限制。我们自己的中枢神经系统使我们享受思考、行动和自由自在的生活。当创造力在一个架构（或体系）内自由发挥时，将会以最佳方式运转，虽然这一点也许还存在争议。

新的时装设计体系来自于对设计过程本身的个性化方法的拓展，我们以下意识地方式进行创建——而经验丰富的设计师则是完全出于本能来将这一设计过程向前推进，他们通常还没搞明白为什么这样做，或者如何去做，因为这些都是设计过程本身所固有的。

## 设计周期

在本书中，我们将追踪九个项目，通过"创意""概念"和"设计"三个阶段循序渐进地进行论述，希望通过了解这些设计师的思维过程，使学生重新认识他们自己的设计方法。

设计师在做设计时，可以从任意给定的切入点进入设计流程，并以他们自己的方式工作。他们在每个阶段以不同的程序工作，会产生不同的结果，使创意不断向前推进或不断地反复推敲。每位设计师都会通过一种特有的设计方法来确定切入点。例如，如果一名设计师自然而然地通过织物再造或三维立体造型来表达其最初的设计理念，这就应该是他进行设计流程（或周期）的切入点。

很多设计师会很努力地搞清楚他们的设计过程，但却很少能反映出他们的工作方式，或者不理解他们为什么要做他们所做的工作。出于本书的目的，我们将确定两个伞状系统，在每一个系统中会归纳许多不同的方法。这可以使设计师更好地了解他们自己的工作方式。

## 线性过程与随机过程

很多设计师只想采取一种自然而然的工作方式，不想花费太大力气就可以获得好的设计。而另外一些设计师则在拓展他们的设计风格和设计敏锐度的同时，希望通过切实可行的架构，最大限度地帮助他们从创意中提取元素。

"线性架构"是指以一种前后连贯的方式从一个创意发展到另一个创意，并形成一种概念。设计是在一系列连续的时尚中产生的；每一个设计创意都源自于前一个创意等，诸如此类。在这个过程中，会很容易地发现那些浮现出的主题。这也许包括头脑风暴、思维导图、日志、笔记并列出的创作清单，力图将最初创意组织成为设计元素，并将它们向前推进转化为有用的部分。这需要对设计流程的顺序有很好的感知能力。

"随机架构"随意拓展发散的设计创意和思维，没有明显的顺序。随后，这些创意和思维就需要通过评价来确定其共同的联系（随机的过程）。在这种情况下，需要不断地进行评价与修正，思考它们哪些最有效，并有意探寻其相关性。设计师从这些修改中挑选出核心创意点并拓展出各种变化，进而形成一个紧密相关的概念。

在设计过程中，这两者都需要在某一点上呈现出倾向性。在这两种设计方法中，设计师不仅要主导他们的创意，而且还要主导设计的过程本身。通过了解他们的设计方法，他们将会学习成为独立的思考者，而且，作为一位设计师，在设计拓展的初期阶段，应该学会如何在各设计环节之间建立起联系。

作为工具，这两种架构可以使入门级设计者明确他们的工作方式，而且，随着他们对这个过程有所体验，他们会更好地反思自己的设计过程。通过这种做法，设计师一路走来，会形成越来越强烈的自我意识，并且，最终会成为越来越敏锐的设计师。

但是，起始点仅仅代表的是设计过程的切入点——而不是终点。一个成功的系列设计应来源于多方面的探索与思考。

**线性思维过程**

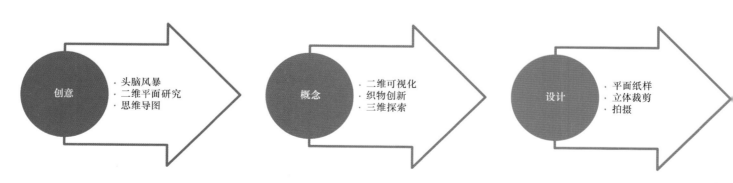

创意 · 头脑风暴 · 二维平面研究 · 思维导图

概念 · 二维可视化 · 织物创新 · 三维探索

设计 · 平面纸样 · 立体裁剪 · 拍摄

随机过程

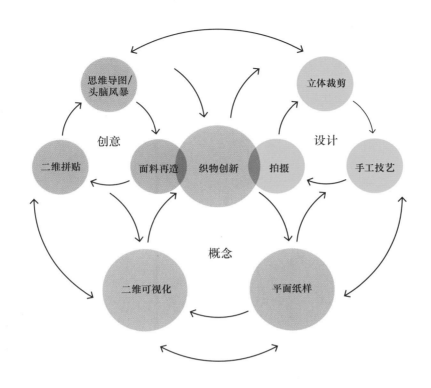

设计周期

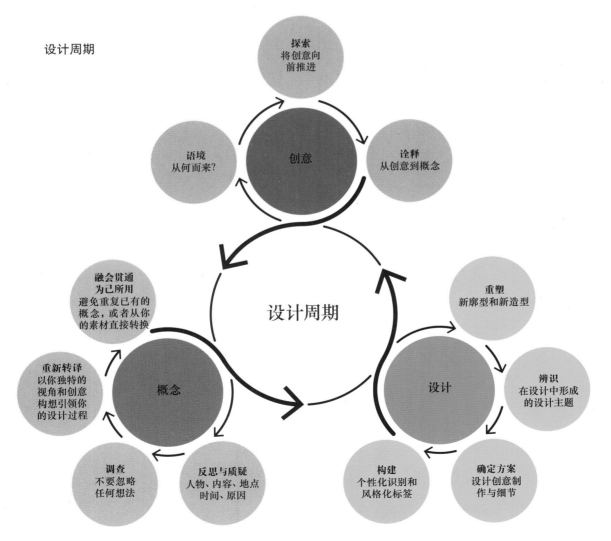

# Context
## 如何充分利用本书

本书分为三个部分：创意、概念和设计。在每个部分中，我们都从以下四个角度来看待时装设计：

过程：过程部分将三个阶段一一进行介绍，并提醒我们在设计周期中所处的位置。

实践：实践部分构成了整本书的基础，可以了解九位设计师现实中的真实生活。

透视：透视部分提供了专家学者及知名时装设计师的思考。

观点：观点部分提供了来自时尚行业各个领域的从业者们的思考。

## 过程

使用图释的方式说明设计过程中每个阶段从何而来。

通过对每一阶段给予界定和讨论予以说明。

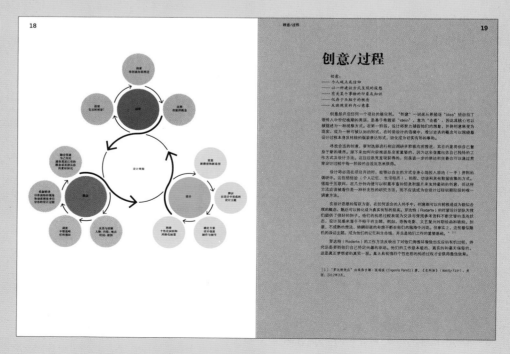

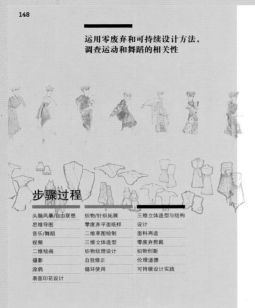

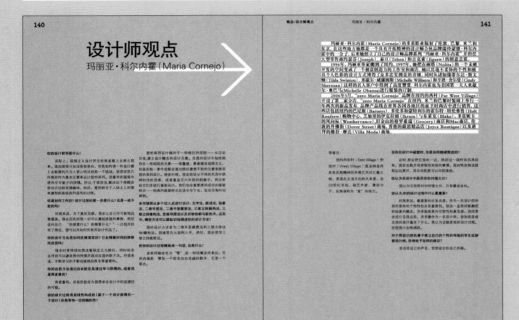

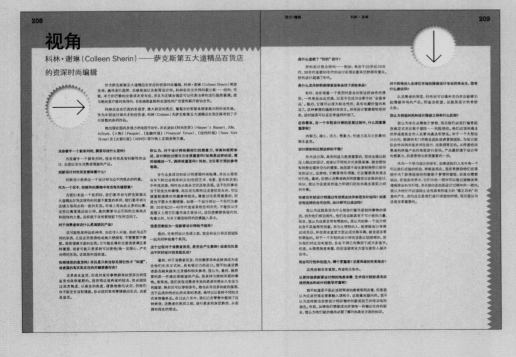

## 实践

九位设计师的项目构成了这部分的内容。每一个项目都从设计任务提纲入手，并将设计过程中每一个阶段的关键环节进行列表。

通过真实、鲜活的图片对项目予以讲解，同时辅以标题进行支撑。

## 设计师观点

专家学者和知名时装设计师就时装设计背后的思考提出他们的看法。

## 视角

时尚行业内具有各种专业背景的从业者们就设计过程和创新提出他们的思考。

# 创意

## 第一部分

# Ide

"时尚并非仅仅存在于服装中。时尚存在于天空、街头，时尚必须与创意、生活方式及正在发生的事情密切相关。"

——可可·夏奈尔（Coco Chanel）

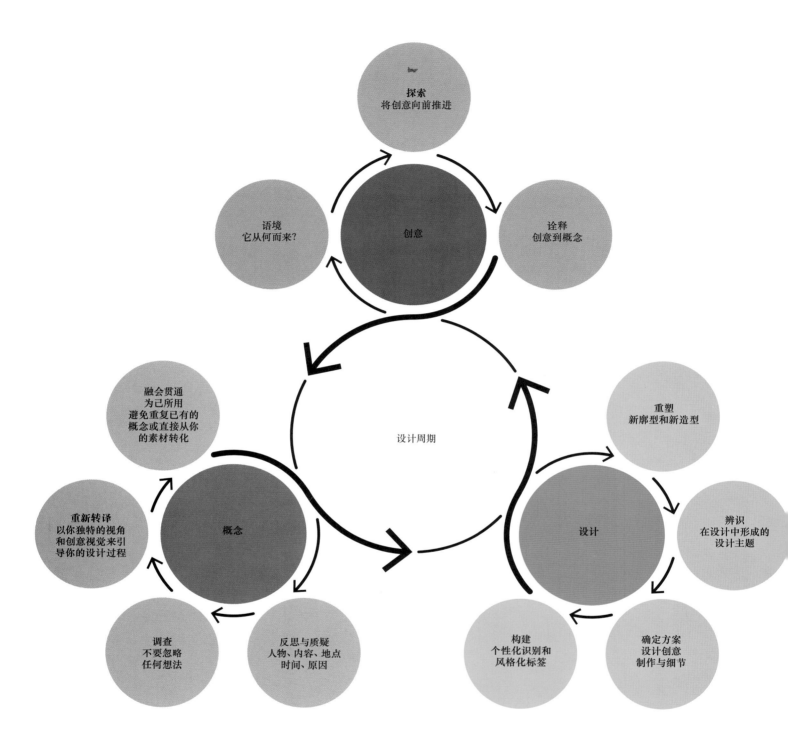

探索
将创意向前推进

语境
它从何而来?

创意

诠释
创意到概念

融会贯通
为己所用
避免重复已有的
概念或直接从你
的素材转化

重塑
新廓型和新造型

设计周期

重新转译
以你独特的视角
和创意视觉来引
导你的设计过程

概念

设计

辨识
在设计中形成的
设计主题

调查
不要忽略
任何想法

反思与质疑
人物、内容、地点
时间、原因

构建
个性化识别和
风格化标签

确定方案
设计创意
制作与细节

# 创意/过程

创意：
—— 个人观点或信仰
—— 以一种建议方式呈现的设想
—— 有关某个事物的印象或知识
—— 仅存于头脑中的概念
—— 反映现实的内心意象

创意是开启任何一个项目的催化剂。"创意"一词是从希腊语"idea"经由拉丁语传入中世纪晚期的英语，是基于希腊语"idein"，意为"去看"，因此其核心可以被描述为一种观察方式。在第一阶段，设计师努力捕捉他们的想象，并将创意转变为现实，成为一种可被认知的形式。在时装设计的语境中，难以言表的概念可以围绕着设计过程本身及终极的服装表达形式，转化成为切实有形的事物。

寻找合适的创意，要对选择进行相应调研并积极向前推进，其目的是将你自己置身于新的境界。接下来如何向前推进是非常重要的，因为这会显露出你自己独特的工作方式及设计方法。这往往是凭直观获得的，但是进一步的表达和完善也可以通过贯穿设计过程中每一阶段的自我反思来获得。

设计师必须在项目开始时，能够以自主的方式全身心地投入原始（一手）资料的调研中。这包括经验（个人记忆、生活经历）、拍照、访谈和其他数据收集的方式。借助于互联网，在几分钟内便可以积累丰富的信息和图片来支持最初的创意，但这种方法应该被看作是一种补充性的研究方法，而不应该成为你设计过程初期阶段的唯一调查方法。

在设计思维的驾驭方面，在任何适合的人的手中，创意都可以向前推进成为貌似合理的概念，随后可以转化成为真实有形的现实。罗达特（Rodarte）的时装设计团队为我们提供了很好的例子。他们的构思过程表现为交谈与查阅参考资料不断交替的混沌状态，设计灵感来源于不相干的主题，例如，恐怖电影、文艺复兴时期绘画和歌剧。创意、不成熟的想法、转瞬即逝的奇想不断在他们的脑海中闪现。但事实上，这些看似随机的谈话主题，成为他们的记忆和生命线，并且是他们工作的重要基础。"[1]

罗达特（Rodarte）的工作方法反映出了对他们周围环境做出反应的有机过程，终究还是受到他们自己特定兴趣的驱动。他们的工作是本能的、真实的和毫无保留的，这是真正梦想者的真实一面。真正具有强烈个性色彩的构思过程才会获得最佳效果。

［1］"罗达特效应"由埃弗吉娜·派瑞兹（Evgenia Paretz）著，《名利场》（Vanity Fair），美国，2012年3月。

运用零废弃和可持续设计方法，
调查运动和舞蹈的相关性。

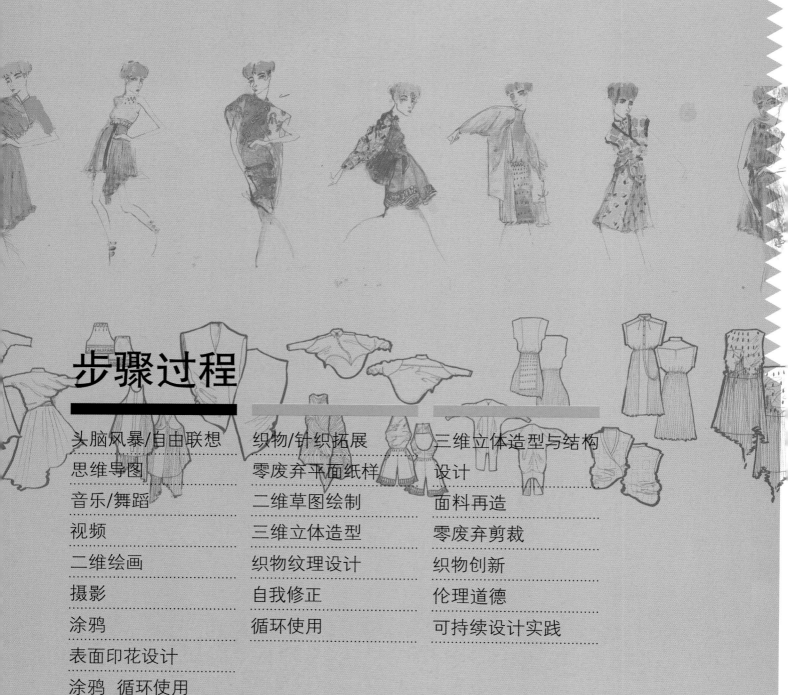

# 步骤过程

| | | |
|---|---|---|
| 头脑风暴/自由联想 | 织物/针织拓展 | 三维立体造型与结构 |
| 思维导图 | 零废弃平面纸样 | 设计 |
| 音乐/舞蹈 | 二维草图绘制 | 面料再造 |
| 视频 | 三维立体造型 | 零废弃剪裁 |
| 二维绘画 | 织物纹理设计 | 织物创新 |
| 摄影 | 自我修正 | 伦理道德 |
| 涂鸦 | 循环使用 | 可持续设计实践 |
| 表面印花设计 | | |
| 涂鸦  循环使用 | | |
| 表面印花设计 | | |

# 实践：对未来的希冀

## 詹妮尔·雅培（Janelle Abbott）

这是詹妮尔在帕森斯设计学院攻读BFA（Bachelor of Fine Arts）美术学士学位的第三年间，围绕着她的"概念"课程所进行的毕业设计课题。

该课题要求学生用"思维导图"的实践来逐渐发展出一个系列的设计。学生需要从最初的创意拓展出10～15个样式的系列设计。

思维导图的过程是从采集灵感中的一小段内容开始的——如一首歌、一段歌词、一首诗或一张图片。一旦获得这种灵感源，学生借助于各种手段，仔细思考并进行记录，直到达到点"a"，随后，最初的介质将会引导设计师通向点"b""c""d""e"等，进行自我表露、启蒙并获得真正的灵感——这是设计过程充分开启的起点。在这个特定作业要求的情况下，教师指导班上的学生通过明确的介质形式（例如，抒情的、言语的、书面的和活动影像的）来酝酿创意。

## 创意从何而来

詹妮尔的课题始于她的指导教师在课堂中演奏的一首歌曲，然后要求学生创建思维导图来反映这首歌。这是一个点燃每个学生创意的简单练习，这个练习将会引导他们拓展出自己独立的思维导图过程。

最初，在詹妮尔的设计过程中，思维导图的做法与时尚是相分离的。这更倾向于与跳舞及绘画相联系，而非设计服装。但随着工作的进展，实践线索越来越清晰——舞蹈、绘图、时装——所有这些因素在一起融合了对于动作的理解。从她最初的创意开始，她现在已经明确了对她的设计过程起到统领作用的主题。

思维导图的方法推动詹妮尔超越了给定的概念和观念，用这种方式，正是因为她对服装的考虑不那么强烈而使她的设计过程受益。她的设计过程始于由外而内的透视，她对音乐、舞蹈和绘画的调研提出了质疑，使她思考如何从一个新的思路走进时尚设计和服装。

詹妮尔与舞蹈终身为伴的密切关系为该课题的最初创意提供了切入点。她在青少年时期一直学习舞蹈的课程，这恰好可以创造出与舞蹈媒介之间爱恨交织的情感。当她还是一个孩子时，总会在课程之前、在乘车去舞蹈工作室的途中表现出恐惧；然而一旦当她把手放到把杆上时，那些恐惧顿时就烟消云散，而她记得有关舞蹈的所有都是美好记忆。

当她移居到纽约后，詹妮尔放弃常规的舞蹈训练。然而，她会经常在校园内不同的教室中进行非正式的训练表演，并用照相机记录下来。

一位对绘画与舞蹈的关联性感兴趣的指导教师令她获得启发，她便着手将这种观念进行更进一步地研究。她发现，作为一种媒介，舞蹈可以使她将一小部分精神层面的东西从知觉体验中分离出来，并用余下的部分"点燃"创意。

她开始围绕着舞蹈和时装的语境建立新的关联

性："复兴'扁平时尚'，推动、激活这种时尚，并使它具有吸引力"的创意成了她创意背后的推动力。

詹妮尔创作进程的第一步，是从一天晚上她坐在卧室的地板上听史蒂·文斯（Sufjan Stevens）的《难以置信的灵魂》这首歌开始的。听到歌曲的一半时，她开始在薄荷绿的纸上用白色的丙烯颜料及墨水作画。经过这样一个过程，她创作出了四种独特的笔触。几天后，在一个空教室里，她再次播放这首歌，她便开始一个接一个地研究笔触：用粉笔在黑板上将它们画出来，然后听着这首歌，并以模仿每一种笔触的方式跳起舞来，刚开始还穿着紧身衣，再后来便穿着超大码的、宽松"流动"的服装。

运用个人体验形成的设计过程可以表现出真实感，这种真实感会引发从始至终的原创概念。在这里，詹妮尔并非从个人体验的角度创建这种关联性，而是将舞蹈带入设计的语境中，并以一种全新的方式对绘画和时尚带来冲击，并因此创造了全新的个性化的设计方法。

1

2

**1 / 2 / 3**
**笔触图片**
　　詹妮尔运用笔触表现出绘画和舞蹈动作之间的关联性。这些关联性将会用以构成她系列设计的廓型、形态和表面肌理设计。

3

## 将创意向前推进

　　当詹妮尔进一步拓展笔触，在绘画和舞蹈动作之间创建关联性的过程中，在开始时，她运用厚重的羊毛面料进行三维立体造型，再将织物反面"背对背"制成双层织物，模仿笔触的不同效果。

　　通过舞蹈的视角，詹妮尔寻找到一种能将绘画与时装联系在一起的更为直接的方式，而不是直白地参考动作。她想让面料在裙子之上"舞动"起来，就仿佛她在空教室中"舞动"起来一样。"我所拓展的立体造型与最初的概念是相分离的，但同时在基调上是一致的，因为都是通过捕捉运动中的动作而获得的。当我沿羊毛面料对角线方向和水平方向卷曲时，羊毛的重量感使裙子保持较好的形态，创造出像海浪在沙滩上退去时涟漪一般的波纹。我拍摄了一系列照片，并运用几个立体造型拓展我最后的设计效果图。为使设计过程中的这一部分（看似与课题中绘画和舞蹈之间的关联性相悖）与前后环节具有更好的关联性，我将创意与该课题在这些环节中所获得的解决方案相结合。以这种方式，从一系列严格设想的事件中走出来，将有助于创作出更为神秘莫测的系列设计；很多事情是以线性关系存在的，但是，与此同时，事物的选择虽然显得有些生硬，但却具有过渡性。"

　　詹妮尔特殊的探索过程是混沌而随机的，但在这个过程中，接受错误也是有用的工具："我可以有理由制造各种混乱、喧闹、不间断地运动。这个特殊课题目前所经历的探索过程有着严格的主线，但是没有限制。一切都可能出现，但是，一切又都不能显现出来。"

　　在设计过程的初始阶段，詹妮尔用录像带为自己录像，并运用从录像中获得的静态镜头——捕捉到的停滞于空中的服装感觉，并以此为基础进行立体造型。她的目标是要创造一种服装，即使静态穿着于人体上看起来也像是在运动的感觉。

**4 / 5 / 6**
**运动和舞蹈过程中的录像镜头**
　　詹妮尔用她自己舞蹈的录像来观察服装在运动状态下如何表现。然后利用这样的镜头来帮助她塑造服装的立体造型。

## 从创意到概念

詹妮尔再一次在教室中听着这首歌并在纸上随意涂画；这时，她又创作了四种笔触，她饶有兴致地将这些笔触作为原创的印花和图案的出发点。

对詹妮尔而言，将绘画和舞蹈相联系的创意，还可以延伸到将音乐、绘画、舞蹈和时装进行联系，这种创意不仅可以通过廓型和形态来展现，而且还可以通过表面肌理设计和美感来展现。通过刺绣、手绘和手工编织，她将设计过程初期阶段拓展而来的笔触与服装相结合——这是思维导图过程的重要体现，但也是对设计初期所调研歌曲的抽象参考。同样地，舞蹈或立体造型效果都以这种方式被捕捉下来并运用到每件服装中，以最佳的方式体现为下摆的扭转变形。

在设计不同的阶段，詹妮尔运用了各种不同的思维导图方式；既有极易识别的微观方式，同时也有宏观角度的三维立体造型过程。

"每周我们都会有一个上交作业的时间，这是根据每个学生的课题及进度来确定的。每项任务与另一个任务在形式上都要彼此关联，先要绘出思维导图，标出边界（以确保框架是清晰的），然后一起收集内部元素进行填充，直到一副画面得以呈现。对于我的每一项任务中所包含内容的个性化诠释，指导教师都表现得非常开放，所以无论我在一周内能提交怎样的内容，我都愿意到班上来。通常情况下，我手中会有一些准备放弃和淘汰的内容以及一堆涂鸦和一些表面肌理设计方面的新拓展和织物再造。

"当思维导图（音乐、绘画、舞蹈或立体造型）完成后，我开始着手将从多次拍摄的舞蹈影像中捕捉到的瞬间静态创意转化到速写的人体上。每件服装都有与其相近的人体，这不仅会有助于加速我的设计过程，而且，会了解每个服装设计创意之间款式、重量和比例的相对关系。像这样包含了30~40个草图的系列设计是我提交的第一次作业。"

请翻至第84页可以查看该课题的第二部分（概念），或者第148页查看第三部分（设计）。

一个从服装设计到展示形式都可以体现出文化与社会发展进程的系列设计

# 步骤

| | | |
|---|---|---|
| 观察研究 | 二维可视化 | 三维结构设计 |
| 叙述 | 流行文化参考 | 头脑风暴 |
| 数字化技术 | 三维解构设计 | 二维/三维可视化 |
| 头脑风暴 | 二维拼贴设计 | 以数字化方式绘制平 |
| 二维草图绘制 | 叙述 | 面结构图 |
| 撰写日志 | 三维立体裁剪 | 二维修正 |
| 数字化拼贴 | 色彩制作 | 展示 |
| 展示 | 二维平面纸样 | |

一个从服装设计到展示形式都可以体现出文化与社会发展进程的系列设计

# 实践：虚拟挪用

## 梅丽塔・鲍梅斯特（Melitta Baumeister）

该项目是梅丽塔・鲍梅斯特（Melitta Baumeister）于2010年在德国普福大学（Pforzheim University）攻读艺术学士时进行的毕业设计系列的一部分。该系列设计由8款服装构成，并历时5个月来完成。它先为行业专家小组进行了展示，同时，梅丽塔还在公共空间内举办了一个后续的展览。最后，她获得了2011年欧洲设计奖提名，该设计奖旨在支持和推动有前途的欧洲年轻设计师。

## 灵感从何而来？

该项目的最初构想是从一个抽象理念入手的。梅丽塔的创意是，她将时装看作为一种媒介，表达出我们对日常生活的理解以及对社会化行为的质疑。作为研究的出发点，观察社会进程为梅丽塔提供了很好的机会，使她思考如何运用时装来反映社会。

通过将数字化世界作为主要的创意、构思、兴趣和灵感来源，梅丽塔着手进行研究。起初，她受到法国哲学家让・鲍德瑞尔拉德（Jean Baudrillard）理论的鼓舞，因为他探讨了客观世界的非物质化。对于鲍德瑞尔拉德而言，实际存在并没有消失，而是我们所熟知的形式消失了。时间和空间消解了，或者遭受了意义深远的重组，随着时间的推移和空间的转换，它先前的存在形态逐渐消失。

大众媒体所表达出来的虚拟理论和虚拟现实成为当今社会普遍存在的。在她最初的设计过程中。梅丽塔开始尝试对这些理念进行分析，梅丽塔认为这种理论就像时装本身会讲故事一样，侧重点不应该放在服装产品上，而应该更多关注它所蕴涵的概念表达。通过对已经存在的虚拟世界及其间所发生的种种变化的观察，并着眼于数字化技术在时尚表达中的应用，她进一步拓展了她的设计理念。

梅丽塔对真实世界与以数字化方式呈现的形象之间的一致性与真实性的断裂的探索很感兴趣，而通过数字化方式操作，这种断裂可以带来一种新的现实：图片可以被修改、混合并合成得天衣无缝，从而创造出在真实世界中根本不存在、之前只能凭想象获得的事物：时尚及服装的非物质化、人造形态层面；与我们所期望的某种东西更贴近的虚拟服装。正如阿凡达——以数字化方式呈现人类的自我形象，通过该形象可以传递出他们的特性——虽然在现实世界中并非真实存在，但是仍然可以表达某人的趣味；"合成的典范"。

1

**探索创意**

梅丽塔认为时装可以作为一种媒介，是我们了解我们的日常生活并对社会行为产生质疑，梅丽塔的系列设计正是以这样的创意为基础展开的。

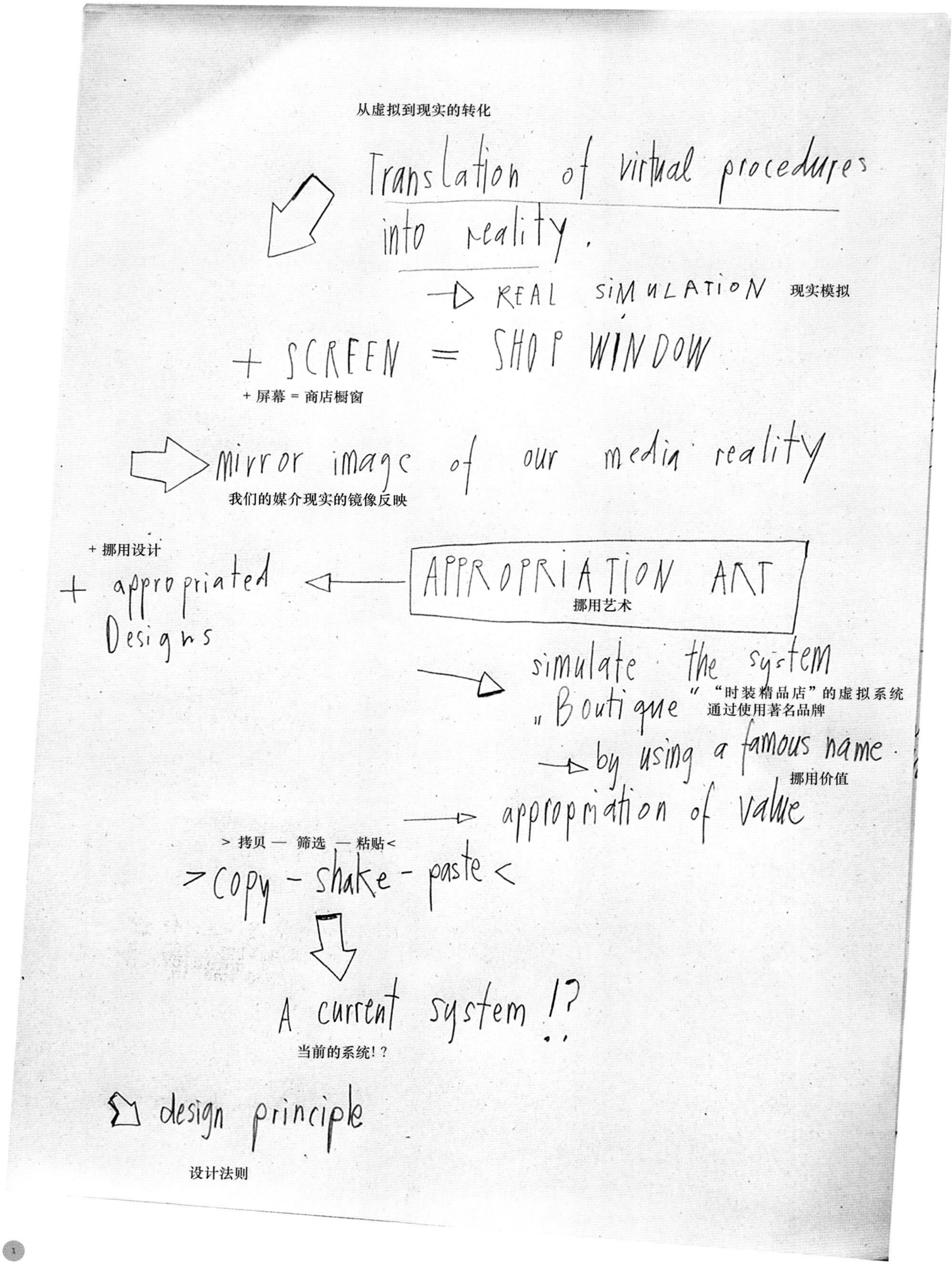

从虚拟到现实的转化

Translation of virtual procedures into reality.

→ REAL SIMULATION 现实模拟

+ SCREEN = SHOP WINDOW

+ 屏幕 = 商店橱窗

⇨ mirror image of our media reality

我们的媒介现实的镜像反映

+ 挪用设计

+ appropriated Designs ← APPROPRIATION ART

挪用艺术

→ simulate the system „Boutique"

"时装精品店"的虚拟系统

→ by using a famous name

通过使用著名品牌

→ appropriation of value

挪用价值

> 拷贝 — 筛选 — 粘贴 <

>copy - shake - paste<

⇩

A current system !?

当前的系统！？

⇘ design principle

设计法则

1

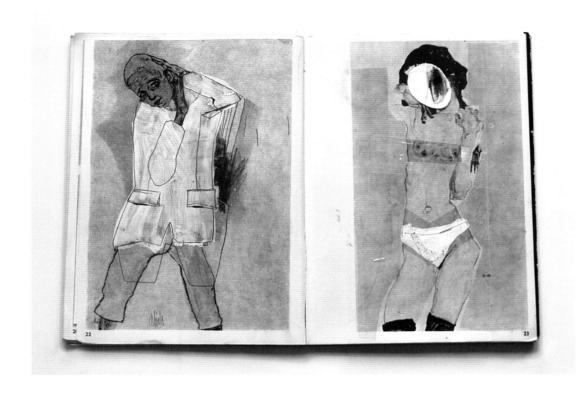

**2**
**项目思维导图**
　　梅丽塔的项目关注数字化处理的
多种方式，并对已有的创造物赋予新
造型。

## 将创意向前推进

　　她为了对下一个阶段的创意提炼有所帮助，梅丽塔进行了头脑风暴，寻找关键词来描述她早期探究中所获得的与主题相关的想法。正是从这时起，她开始研究虚拟进程并发现了挪用艺术，对她而言这种艺术代表了虚拟世界。

　　她使用的关键字词包括：虚拟进程、非物质化、模拟、真实的遗失、挪用艺术、现成、复制/粘贴、拼贴画、审美及价值挪用。梅丽塔将运用这些词语与图片采集作为设计出发点，这些图片可以帮助她找到面料再造的表现手法，进而将创意转化为设计理念，最后运用到服装中。对于系列设计（色彩和风貌）某种情绪基调的创作来说，这些图片也是很重要的，同时，还要时刻将这些关键词和概念铭记在心。

　　接下来，她以虚拟的方式思考挪用艺术，而且把这种方式看作是一种数字化的模拟方式。她以各种不同的操作，来进一步诠释这一主题，例如，在数字化环境中经常使用的"复制/粘贴"操作，可以制成现成的（事先做好）服装，这个例子很好地说明如何从现有的素材创作出全新的感觉。

　　在聚焦于她的研究方向之后，梅丽塔开始运用图片、词汇、摄影和绘画在情绪板和手绘本上展现她的创意。在这种情形下，梅丽塔参考了艺术家埃贡·席勒（Egon Schiele）的绘画。当临摹完这个画家的画作，她也创作出了自己的挪用艺术，这使她明白一点，对现有素材再利用的过程是进行加工，而不是简单地记录。

3

译者注：

　　埃贡·席勒 (Egon Schiele) (1890年6月12日～1918年10月31日)，奥地利绘画巨子，师承古斯塔夫·克里姆特，维也纳分离派重要代表，是20世纪初期一位重要的表现主义画家。席勒受到弗洛伊德、巴尔等人的思想影响，其作品特色是表现力强烈，描绘扭曲的人物和肢体，且主题多是自画像和肖像。在席勒的肖像作品中人物多是痛苦、无助、不解的受害者，神经质的线条和对比强烈的色彩营造出的诡异而激烈的画面令人震撼，体现出"一战"前人们在意识末日降至时对自身的不惑与痛苦的挣扎情感。

### 3 / 4 / 5
### 手绘本的拓展

　　梅丽塔运用图片、词汇、照片和手稿来探索挪用艺术，例如，通过描绘埃贡·席勒的绘画作品，她已能够展现自己的创意。

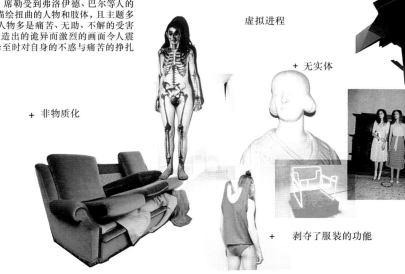

虚拟进程

+ 无实体

+ 非物质化

+ 剥夺了服装的功能

4

5

**6**

**店铺正面**

　　作为她创意过程的一部分，梅丽塔运用一个闲置橱窗，通过赋予标签、观察和创意呈现来进行试验。

## 从创意到概念

　　梅丽塔也运用挪用艺术原理来进行下一阶段的设计拓展，她借用从网络上获取的服装图片，运用Photoshop软件进行拼贴，对她发现有趣的点进行解构与采纳。运用插画与手绘草图，她调研了不同的廓型。对于这个主题，她运用了"现成"服装和数字化程序来创造全新造型。她所选用的服装（大多数是男装）是依据她个人的审美喜好提取的，她聚焦于将男装夹克转移为女装的设计理念。作为调研的一部分，梅丽塔关注网页页面和其他现实的"刺激物"。这使她获得将虚拟网页页面转化为实体零售空间的概念，这一点在后续的阶段进行了更深层次的拓展。

**7**

**摄影实验**

　　梅丽塔在网上找到了服装的图片，并且用它们演绎出新的造型。在这里，她尝试将男装外套转变为女装。

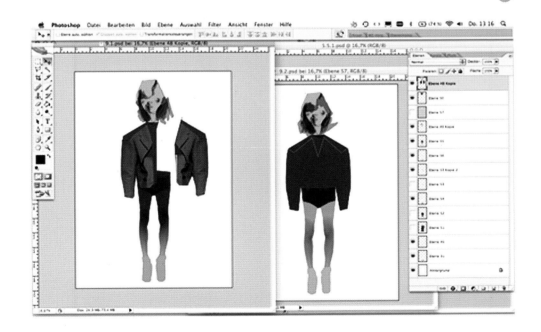

请翻至第90页查看本项目的第二部分（概念），或者翻至第154页查看本项目的第三部分（设计）。

## 基于对皮下组织的调研进行织物创新

# 步骤

| 二维可视化 | 二维可视化 | 自我反思 |
| --- | --- | --- |
| 叙述 | 三维立体造型 | 织物创新 |
| 织物探索 | 二维平面纸样 | 三维立体造型 |
| 手工艺 | 印染工艺 | 可持续设计实践 |
| 刺绣 | 织物肌理设计 | 工艺 |
| 针织 | | 合作 |
| 数字化技术 | | 手工艺 |
| | | 时尚大片 |

# 实践：神经幻象

## 约瓦纳·米拉拜尔（Jovana Mirabile）

　　该项目是约瓦纳·米拉拜尔攻读美术学士（BFA，Bachelor of Fine Arts）时的毕业设计作品，包括6套服装和一个配饰线路产品，还包括包袋、鞋、珠宝。这是一个为期一年的过程，以为企业审核小组提交论文评审报告而告终。最终，约瓦纳被提名为帕森斯"年度设计师"，其系列设计获得了在2011年5月的帕森斯时装发布会（Parsons Fashion Gala）中展出的机会。

　　很多设计师都采用可触知的方法进行设计，而且常常会选择以这种方式工作。通常，他们的典型做法是被"制作"技艺所吸引，通过手工艺技法来拓展面料小样，例如，采用珠饰、刺绣和贴花等工艺方法，并与织物染色和印花结合在一起。这就是约瓦纳的方法。该项目的基础是织物创新，这种创新实验运用到了现有的各种印染和装饰技艺。随后，可以通过推进个人创意和概念将设计过程引向最终的设计阶段。

该项目的基础是织物创新，这种创新实验运用到了现有的各种印染和装饰技艺。

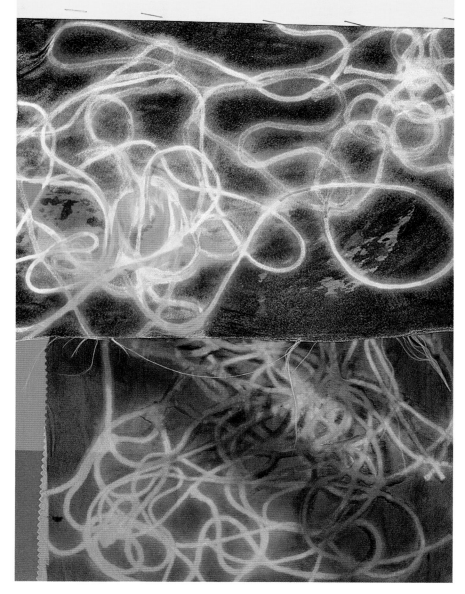

①

②

**1 / 2 / 3**
**染色技艺**

　　约瓦纳的初期过程源于织物的拓展。当她对绞染、晕染、还原染料染色和热转移印花等技艺进行调研时，约瓦纳开始意识到这些图案与人体扫描的影像十分相似。

## 创意如何而来？

　　该项目是随机开始的，除了对物质层面的探索，并没有具体的理念。由于该设计过程源于对织物的拓展，所以该项目从对绞染、蜡染、活性染料染色、拔染和热转移印花等技艺的调研开始。

　　最初的自由形态和实验性，并没有事先的预想效果，作为生成创意的初始阶段的结果是一系列图片，令人联想起脑部扫描的X射线及核磁共振的影像（MRI scan，Magnetic Resonance Imaging）。

③

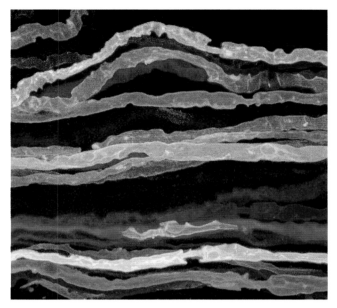

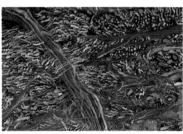

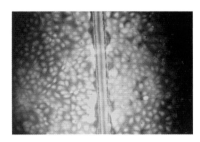

## 将创意向前推进

　　在接下来的阶段，约瓦纳（Jovana）从最初实验获得的脑部扫描理念得到了更进一步拓展。通过研究，这一点成为一个自然而然的设计过程，因此需要更多的信息来做出判断，作为系列设计的支撑，说明这种创意是否具有足够的深度和广度。

　　在信息收集的阶段，运用二维可视化方法，约瓦纳收集了各式各样的x射线、核磁共振成像和正电子发射层析扫描影像的照片。这种透视人体的技术具有一种独特的魅力。在将这些理念向前推进的过程中，约瓦纳采用了叙述方式：从奥利弗·狄更斯（Oiliver Dyens）编著的《金钢之躯与人的进化：科技接管》一书的摘录发挥了作用，约瓦纳在科技及其对人体所作出的交互式反应之间建立了联系。该书的相关章节使我们回想起皮肤的用途、皮肤的功能，它保护了什么以及我们如何看待它。这成为一个重要的主题，并且通过头脑风暴法所创建的一系列创意理念进行深入探索。最终，核心主题理念"内部/外部"就显露出来：正如我们可以将皮肤看作是我们身体的保护层一样，同样也充当了内部机体的屏障。

　　在这个初期阶段，在一个阶段与另一个阶段之间建立联系是非常重要的。约瓦纳跟随着本能感觉，这种本能感觉也是受到设计过程的引导而获得的，她对织物及其所隐含的图像有所感悟，采集更多信息，并一直沿着这个思路尝试了各种不同的表现手法。如果不这样做的话，她的创意可能在织物拓展阶段就终止了，也不会推进到一个更有意义的阶段。现在，从随机的起点出发，围绕着真实有形的主题进行拓展，她最终确定了这个特定的方向。"皮肤的用途：于内于外的保护"。

　　研究是一个多层面的过程，设计者必须自主自发地踏上探索之旅，有机地从一步进入下一步。很多学生会错误地认为他们必须坚持他们的最初创意，并且没有任何偏差地精确执行。相反，应该允许自己在这期间自由自在地到达一个全新的意境。这也正是创意魅力之所在演变。

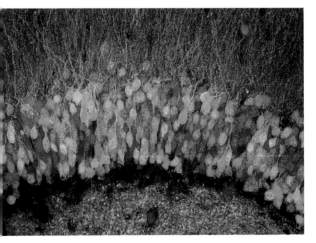

**4 / 5 / 6 / 7**

**人体成像（Body Imaging）**

　　为了进一步探索这些创意，约瓦纳收集了大量的X射线、核磁共振、正电子发射层析扫描影像（PET scan，Positron Emission Tomography Scan，检验胴体尤其是脑部新陈代谢的断层扫描）的照片。在这里我们看到了活跃的、泛着荧光的脑部细胞和神经细胞。

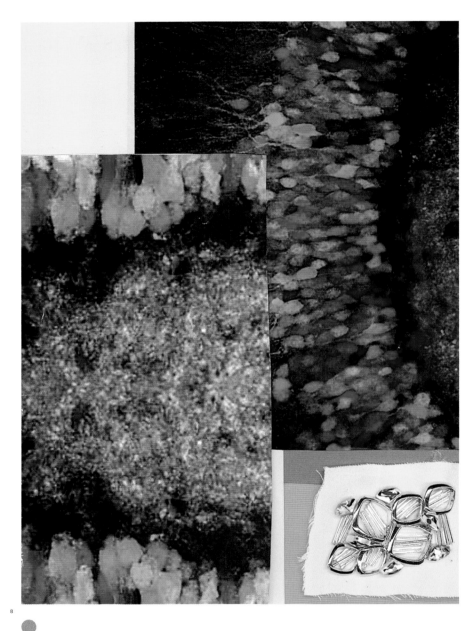

8

8 / 9 / 10 / 11

**表面处理技艺**

　　运用染色工艺、刺绣和针织，约瓦纳生动地反映出人体扫描图的效果。

9

支配一切的主题——
是对显现出来的美给予
保护与洞察。

约瓦纳·米拉拜尔（Jovana Mirabile）

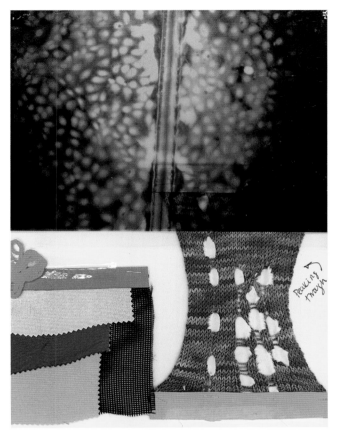

10

## 从创意到概念

　　围绕着皮肤的概念，约瓦纳寻找可替代的解读方式，她考虑使用"美是肤浅的（虚有其表）"这一措辞，并且通过观察皮下组织，从字面意义上进行解释。她重点放在癌细胞、肿瘤和感染细菌等的x光片和扫描影像；通过这种做法，她试图揭示存在于皮下的一些奇异和神秘物质，同时她发现了所发现之物的有机之美。最终，支配一切的主题——是对显现出来的美给予保护与洞察。

　　沿着这个新的方向，约瓦纳回到织物创新和手工艺的阶段，对原始面料进行拓展。为了实现这一目标，她运用染色技术、刺绣和针织样品来表现这些鲜活的美感，以及从扫描和X光的有机图案获得的迷幻色彩。此时此刻，她再次运用新的方法，但是，是围绕着她的研究的新语境展开的。

　　将挑选出来的癌细胞、脑电波和X光片的图片，与最初的艺术创作和再造效果放在一起进行扫描，以获得织物表面的印花图案。运用这种数字技术，约瓦纳将二维图像转化为原创的织物设计。通过反复试验，她获得了大量的印花图案设计，随后，这些图案被缩减为四个最具代表性的主要印花图案。

11

**请翻至第96页查看该项目的第二部分（概念），或者翻至第160页查看该项目的第三部分（设计）。**

## 重塑传统手工艺，创造新的织物和服装

# 过程

| 调研 | 织物拓展 | "针织"织物拓展 |
| --- | --- | --- |
| 二维可视化 | 数字化技术 | 具体实现 |
| 面料再造 | 三维拓展 | 三维立体造型 |
| 手工艺技法 | 手工艺技法 | 拍照 |
| 具体实现 | 三维人体模型 | 时尚大片导向 |
| 三维数字化立体造型 | 二维可视化 | 二维可视化表述 |
| 平面结构图 | 具体实现 | 拍摄短片 |
| 三维立体造型 | 织物创新 | |
| | 三维织物/立体造型 | |

# 实践：针织与褶裥

## 杰·李（Jie Li）

　　杰·李（Jie Li）在英国曼彻斯特的斯坦福大学学习，专攻女装，并取得服装设计专业的学士学位。杰·李继续在帕森斯（Parsons）设计学院进行深造，攻读艺术硕士并从事社会活动。该课题被提交给了麦昆服装设计大赛，该项目对美国研究生毕业设计项目开放，同时还得到大都会艺术博物馆的赞助。

　　必须承认，亚历山大·麦昆（Alexander McQueen）通过工艺、故事、合作制造吸引观众的噱头，这在千百年来时尚的塑造中起到至关重要的作用，研究生们受到这些素材的鼓舞，并以此为灵感不断推动时装向前发展。麦昆是一名工艺师兼概念设计师，很大程度上受到了艺术、文学、音乐、历史、自然、科学和当代文化的影响。学生们受到激励希望能继承他的创作遗产及其娴熟技能，这些技能使他在壮观的T台中展示出奇妙的设计，并对他的想象力予以诠释。除此之外，他将这些创意凝练成为可穿性的服装，并建立起国际化的品牌。给予学生的任务是以两种风貌的方式（T台展示和零售）在二维和三维方面具有相同参数的人台上提交入选作品。然后，他们从中选择一款设计，并选择能够充分表达他们设计理念的形式；既可以通过时尚大片、短片、动画，也可以通过其他易于感知的创作形式予以表达。

## 创意从何而来？

课题要求学生研究两种手工艺技法。研究结果表明，杰·李对褶裥工艺和手工针织最感兴趣，因此决定将这两种技法结合起来，创造新的手工艺。杰·李以线性思路的方式展开调研，参观图书馆、浏览互联网并收集图像，以对视觉创意获得广泛的概念。

在调研中，杰·李发现了一张艺术家丽迪亚·希尔特（Lydia Hirte）的画作，她运用纸质或者纸张的处理手法进行画作的创作，其中包括褶裥。这张不同寻常的图片和艺术家的创作手法启发了杰·李，因为她的创造是对针织服装线圈的回忆。她决定将这种技艺应用到手工艺中，并开始通过剪纸和具有针织形态的技法来重新构建褶裥。

杰·李虽然不了解针织工艺，但是在此特定实例中这是一个明显的优势，因为她可以从完全不同的视角来认识这种手工艺。首先，她观察基本针法的图片。她为了看清针织物的线圈将这些针织物放大，并从视觉上参照这种针织纹理，但使用的不是纱线，而是她将机织面料打褶后创造出的条带，这样就将褶皱和针织工艺结合在一起了。

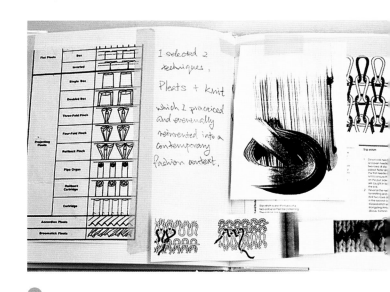

## 将创意向前推进

杰·李从初级的手工艺杂志和书籍中，收集了线圈成型方法和褶皱的图片，并观看（YouTube）视频了解如何进行针织。她还做了更多关于手工艺的调研——尤其是纸的表现手法——并思考哪些方法是最有效的。杰·李不仅通过褶裥面料的方式代替了纱线，将针织艺术应用于新的设计语境中，而且她还通过用手将机织条带穿套线圈的方式模拟"针织"的动作和技法，将针织针法延伸到机织领域。

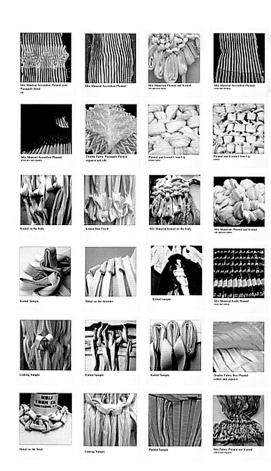

1
**灵感来源页面**

杰·李发现了艺术家丽迪亚·希尔特（Lydia Hirte）的作品，丽迪亚创作了以纸为料的绘画和再造技法，杰·李决定将一些表现手法运用于她自己的针织服装作品中。

2
**面料小样**

通过将面料进行褶裥、圈套和折叠来获得量感。

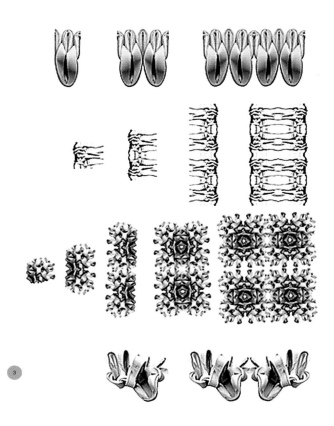

**3 / 4 / 5**

**对书籍、杂志和面料店铺进行调研**

　　为了学习如何针织，杰·李从书籍和杂志中收集调研资料。

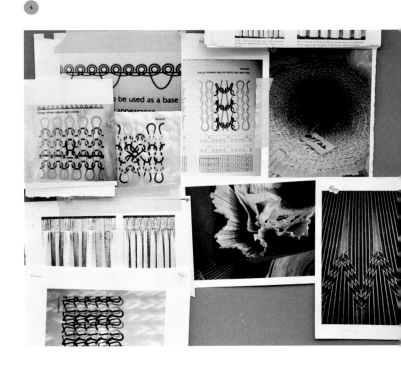

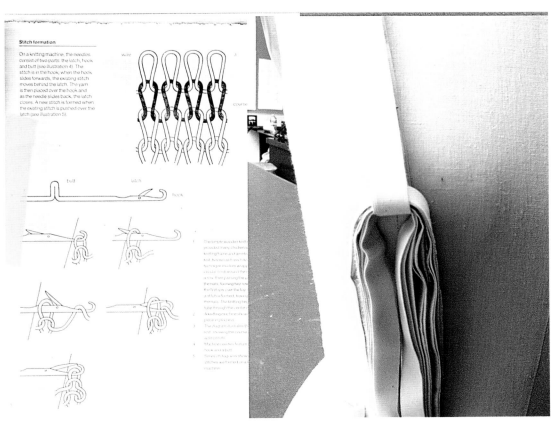

## 从创意至概念

在这个阶段，杰·李开始运用面料进行各种技法的实验，并调查哪些材料的表现效果最佳。她从裁剪六条1.905cm×91.44cm（3/4英寸×1码）的白棉布开始，为了获得褶皱效果将每个布条进行熨烫（通过计算，她需要六条布带来模拟图中针织线迹）。

杰·李将这些打过褶裥的长布条当作"纱线"，随后可以根据针织的针法图案将它们进行"针织"。首先，她将这些布条固定在一张桌子上，以改变其张力，可以使它紧一点或者松一点，看看将会发生什么。有时，由于褶子的体量较大，所以，她无法严格遵照针织针法去做，因此，她只能被迫寻找另一种解决办法，并创作出全新的面料处理方法。

她还经常在人台上进行"立体造型"或者运用布条进行"编织"以探索其最终效果，尝试改变线圈的大小、每一线圈中布条层叠的数量以及"针织"构成的方式。杰·李意识到针织动作的重复性，并试图运用面料再造的技法复制这种针织的重复性。她在Photoshop软件中运用镜像工具创建新的造型，并在人台上进行立体造型。杰·李还用拍照的方式记录了她的整个创作过程。

第一个试验是在桌面上完成的，其平面风貌会让人联想起面料，但是第二个试验，是在人台上完成的，创造出了更为立体化的风貌，而且也更为成功。在你的设计过程尝试多种表现方法是很重要的，其目的在于将创意向前推进。创新常常产生于试验之外，而且不知道接下来会怎样。当然，掌握一项技法固然是很好的，但是，杰·李的案例中，正是由于她对针织知识的缺失，反而

为她获得全新手段和效果塑造带来了灵感。

杰·李将打好褶子的面料层叠起来，还可以对不同类型的褶子进行试验：风琴褶、菠萝褶、箱型褶和混合型褶（风琴褶与菠萝褶），最终可以得出风琴褶的效果最佳。她还创造了她自己的绘图技法，通过设计说明的注释可以帮助她记录服装制作的过程及每种技法生成的方式。

除了三维立体造型的拓展，杰·李还将钩编工艺引入她的创作过程，并将钩编工艺与她的机织工艺相结合；她将机织褶子、针织和绳带钩编相结合的方式作为她服装设计的手段。

因为杰·李在人台上工作，所以，对于所采用的工艺形式，她并没有预见性；她只需随着面料布带的运动而做出反应。虽然她将针织针法放大，并以此作为设计的出发点，但是当她发现用这种方法进行工作时有时有效、有时无效时，她很快又进入到一个全新的境界。这种手作的发现带来了全新的概念和创意，这些概念和创意不单纯来自于纸上，这是非常值得注意的重要一点，因为很多学生都认为设计只能以二维平面方式开始。事实上，除了杰·李运用数字化的方式将三维立体造型效果进行合成以外，她在二维平面设计阶段并没有画任何设计草图。

6

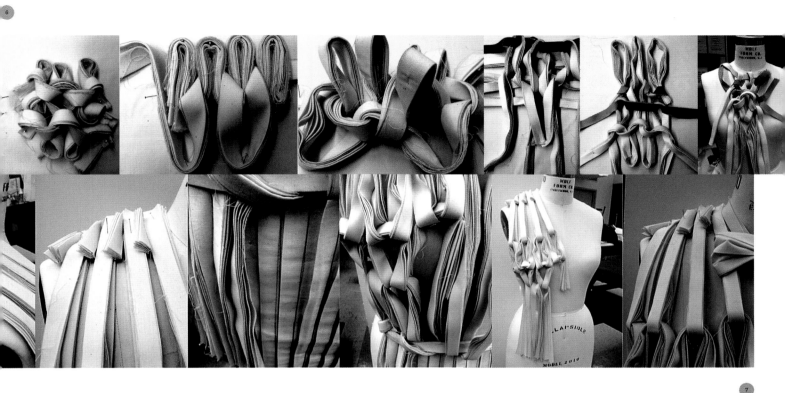

7

8

请翻至第102页查看该项目的第二部分（概念），或翻至第166页查看该项目的第三部分（设计）。

# 以持久性和适应性为设计初衷的功能性单品设计

# 过程

| | | |
|---|---|---|
| 视频 | 解决问题 | 自我反思 |
| 二维草图绘制 | 平面结构图的绘制 | 日志 |
| 头脑风暴法 | 视觉营销 | 最后修正 |
| 列出清单 | "单品"设计 | 二维造型 |
| 日志 | 设计修正和研究 | 针织服装拓展 |
| 织物拓展 | 织物拓展 | 平面草图绘制 |
| 色彩 | 日志 | 制作 |
| 廓型 | 故事 | 最终的二维展示 |
| 定制 | | |

# 实践：成长与衰落

## 安德莉亚·查奥（Andrea Tsao）

　　该二维平面的项目是安德莉亚·查奥在帕森斯新设计学院读大三时就着手进行的，这是按照课程要求完成的设计作业，其最终要求是设计一个系列5～7套服装。其首要的前提是调研艺术家及雕塑家安迪·高兹沃斯（Andy Goldsworthy）作品的设计意图，并观察他针对这样的艺术创作活动所采用的手段。随后，当她从对安迪作品的感受入手"构建"系列设计时，必须将这些与自己的设计过程建立起联系。她认为关键的主题是暂时与持久、残暴与美好、成长与衰落的并置关系。而她所面临的挑战是如何将这些主题与安德莉亚自己的设计手法产生共鸣。

　　通常情况下，设计师在开始进行一个系列设计时，会将艺术家的作品看作出发点或参考。这并不是说他们会直接模仿艺术家的作品，而是作为一种语境，可以运用这一主题在其中展开他们的研究过程。在这种情况下，高兹沃斯的作品被看作是一个背景资料，为设计师的方法论提供了一种深刻见解。

　　安迪·高兹沃斯是英国雕塑家、摄影师及环保主义者，居住在英国苏格兰岛。他为大自然与城市社区之间的特定区域创作雕塑和大地艺术。他的艺术主要包括运用大自然及被发现的物体创作暂时或永久的雕塑，这些雕塑可以抽象表达出它们所处环境的特性。

安德莉亚进一步研究了高兹沃斯作为雕塑家、摄影师及环保主义者的生活。她觉得他在纪录片中给人的印象比文献记载中的好："最让我感到难以置信的，是看着大自然中他的作品，听着他说的话，并且感受他的作品周围所萦绕的情绪和氛围。他热爱他所处的环境、珍惜大自然对他的给予，同时也震惊于大自然赋予他创作素材的能力，然而，片刻之后一切又会突然消失殆尽。他的作品包含了时间、永久、微妙与平衡。他从周围的事物中发现可以创建精美结构的造型与色彩，常常会在人们意想不到的地方创作天然的雕塑作品，也期待着被雨水冲刷逝去，或者随风而逝。他对这种想法的态度并无不满，而是更惊叹于这种成长和衰落。"

高兹沃斯的工作方法及由此获得的主题是令安德莉亚极为感兴趣的，并为之着迷。

## 创意从何而来？

安德莉亚的设计过程采取的是线性形式，贯穿设计过程的始终，不间断地从一个阶段到另一个阶段，同时建立起了大量调研，对她的设计方法探索带来启发。

设计进程第一步是观看纪录片《河和潮汐》，它记录了高兹沃斯进行艺术创作时的日常活动。随后，安德莉亚记录下她看电影、做笔记、绘制草图的反应，并从高兹沃斯的作品中拓展出她与他作品之间的内在联系。从为她带来灵感的高兹沃斯作品的项目中采集图片，这些可以作为出发点，从这时起，她以一种与高兹沃斯相同的工作形式来构建她自己的理念，同时体现出主题的大致构想。

安德莉亚发现高兹沃斯的作品之所以如此富有灵感，应该归功于他自己对设计过程本身的独到理解，以及他作品的最终形式。这使得她对自己的设计过程产生怀疑，并试图寻求新的突破。与从特定图片获取灵感不同，安德莉亚决定接受高兹沃斯的自由形式及自然手法，试图从先前的系列设计中寻求多元化设计。

**1／2**
**工作服**
　　作为对持久性和短暂性的探究的一部分，安德莉亚关注了制服和工作服。

高兹沃斯的作品包含了时间、持久、微妙与平衡。他从周围的事物中发现可以创建精美结构的造型与色彩。

——安德莉亚·查奥

**3 / 4**

**安迪·高兹沃斯**

    英国艺术家安迪·高兹沃斯为安德莉亚的项目带来了极大的影响,她发现了他的工作方式及他作品的短暂性都是十分令人着迷和备受启发的。

## 将创意向前推进

因为安德莉亚的主题是持久性和短暂性，因此，她开始对服装中的持久性与短暂性进行探索。服装常常会因受潮流驱使、呈现出短暂的生命周期而失去其持久性；每一季都会受到来自时尚精英的潮流引领，但在下一季，很快又会被丢弃。她发现，可以假想，当潮流的重要性不复存在时，服装只有在不能再穿的情况下才会被丢弃，这是很有意思的。作为一种解决方案，安德莉亚开始构想，在易磨损的部位（腋下、腰部、肘部和膝盖）采用具有弹性的、可调节的抽带设计。

服用耐久性一直是工作服和制服设计的核心问题，安德莉亚的创意正是对这一特性的延伸，但是更接近于从个人定制的角度改变服装的廓型。从传统意义上来看，设计师通常会采用绗缝和缉明线的工艺方式使工作服更具持久性和功能性。但这些做法会使服装产生紧绷、僵硬的感觉，安德莉亚希望她的系列设计会让人感到宽松并具有可调节性。抽带是一个简单且立竿见影的解决办法，如果可以精准定位的话，这些抽带将会使设计更具灵活性：从适体的角度考虑，体现出功能性，从美观化的角度考虑，可以从新的视角改变服装的廓型。她在手绘本上表达出创意，并将概念写下来，这样，她可以更好地透视穿着者的内心想法，并以实用的心态进行设计。

除了上述的主题外，安德莉亚还想探索高兹沃斯被迫对自然界中现有的事物做出反应的方法。她没有使用人工化学染料，而是以织物拓展的方式进行设计转化，从一本杰基·布鲁克（Jackie Crook）著作名为《自然染色》（*Natural Dyeing*）的书中，她学习到了天然的染色方法，然后运用细棉布及各种丝绸进行试验，并确定她可以围绕哪一种织物进行拓展。沿着衰落主题的思路，她模仿了高兹沃斯对现有元素做出回应的模式。她发现冰箱里已经腐烂的蔬菜自然而然地变成暗绿色和暗棕色，随后将它们放入滚烫的水中，并与她的织物放在一起。她发现唯一的区别是色彩不太饱和，她决定在她的设计中使用一些这样的自制织物。

**5 / 6**
**手绘本的拓展**
安德莉亚的手绘本记录了她所做调研、思维及创意的过程。

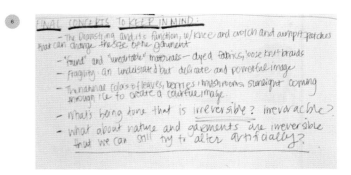

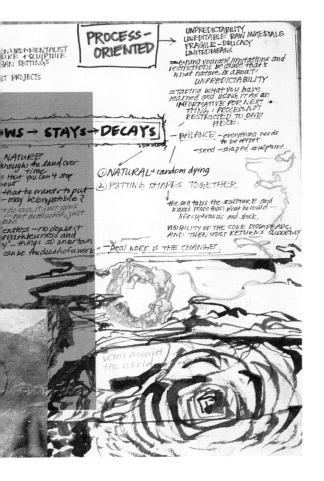

## 从创意到概念

在下一阶段，安德莉亚想将从高兹沃斯的作品中获得的创意转化为她自己的概念。她的目标是采用自然的形态和有机的廓型来制作服装，正如高兹沃斯在其作品中所体现出来的对自然的回应。色彩受到了大自然秋天般的、大地色系的影响，因此她想大胆地进行造型试验、廓型变化以及运用精美的装饰来表现非常规的分层设计（很像高兹沃斯的作品）。

从她先前的探索中跳出来，安德莉亚确定该系列设计的核心概念是自然的成长和衰落，以及如何在服装上实现这一主题。在服装的特定部位，应该设计有抽带开孔，可以根据穿着者的身材和体型，进行伸展和收缩，使服装更加适合穿着者体型的起伏。她对服装持久性的挑战因素进行了探索，对个性化廓型进行玩味，同时还探索了服装适用性的现实问题以及在购置后、为适应人体体型的改变而定制的服装："我们，作为人类，也是大自然的一部分，就像高兹沃斯所看到的周遭素材的短暂性一样，我们不能预测我们的身体将会发生什么变化。我们必须像高兹沃斯一样，能够适应这种变化。这样，随着时间的推移，当体型胖瘦发生改变时，便可以用抽带来调节服装的适体性，这才是关键。"

设计师是解决问题的人，只有当安德莉亚围绕着安迪作品所包含的异想天开和严肃情绪、他的雕塑的造型和色彩来精准地设计一个系列，并在她的系列中建立起她自己的概念，这些问题才能被迎刃而解。

她下一阶段的概念拓展将会围绕着这一挑战展开。

**请翻至第108页查看该项目的第二部分（概念）或者翻至第172页查看该项目的第三部分（设计）。**

借助于针织工艺的创新将平面
图形转化为三维立体的廓型

# 过程

| 第一阶段 | 第二阶段 | 第三阶段 |
|---|---|---|
| 二维/三维视觉呈现 | 风格特色 | 二维/三维修正 |
| 拍摄 | 二维修正 | 三维草图绘制 |
| 三维重构 | 三维立体造型 | 三维针织/织物创新 |
| 三维立体造型 | 二维草图绘制 | 三维立体造型 |
| 三维造型/形态 | 针织/织物拓展 | 三维建构 |
| | 二维视觉呈现 | 色彩/面料 |
| | 拍摄 | 针织工艺拓展 |
| | 数字化技术 | 时尚大片的拍摄 |
| | 针织创新 | |

# 实践：错视

## 萨拉·博－约尔根森（Sara Bro-Jorgensen）

　　该系列是萨拉在英国伦敦皇家艺术学院攻读硕士学位时的毕业设计作品。她所具有的针织服装的专业背景决定了她的设计更注重服装的肌理和图案设计。她说："我决定做针织服装设计，是因为我喜欢那种可以掌控整个设计过程的感觉，尤其是在材料和造型拓展方面。"

　　此外，在意大利的里雅斯特举行的第九届ITS（International Talent Support）国际艺术节中，萨拉的作品被入选为其中的十大系列之一。ITS代表了国际人才支持（International Talent Support），作为一个平台，是为具有创造性思维的人们提供的。它的核心目标是为来自世界各地的年轻人才提供被关注、支持并发出他们的声音的机会。它邀请了国际知名的评审委员，他们包括：维克多&拉尔夫（Viktor & Rolf）、萨拉迈诺（Sara Maino）（意大利*VOGUE*主编）、伦佐·罗索（Renzo Rosso）、狄塞尔品牌（Diesel）和尼娜·尼切（Nina Nitsche）、梅森·马汀·玛吉拉（Maison Martin Margiela）。

我决定做针织服装设计，是因为我喜欢那种可以掌控整个设计过程的感觉……

——萨拉·博－约尔根森

## 灵感从何而来?

该项目是以一种线性思维的方式展开的。萨拉从一系列照片获取创意并进行系列拓展设计,这样做可以将二维的图片转化为三维的造型。她用老式的塑料玩具相机拍摄了一系列黑白照片。第一天,她拍了几卷胶卷,凭直觉找出她觉得有趣的所有元素,包括建筑物、风景和街道上的人们。

然后,她将那些她觉得最富有灵感的图片挑选出来;让光线透过多层轻薄面料可以获得各种线条、对比造型及梦幻般的影像混合在一起的图形画面。在这一阶段,萨拉对它们进行再次编辑分组,只选取那些建筑影像最抽象的部分——由背光织物的各种线条和层次感构成的画面——去掉街上的行人。

对于萨拉而言,从一个线性的设计思路出发,表现为一种自由随机的设计手法,但是随后则转向更为具体的方向。这一过程中,就设计过程而言,收集素材的本能反应是很关键的,因为一个人常常会偶然发现一些新的方向,而这一点也会带来新的意味和顿悟。不应该忽视这些瞬间,每一步对下一步都会有所影响。

1

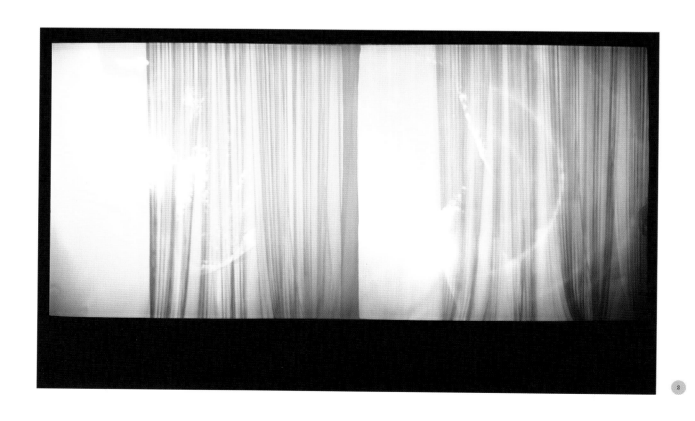

2

1 / 2 / 3
**照片实验**
　　萨拉发现对她最有启发的通常是以线条为主要构图、造型和光线的对比都很强烈的图片。

## 将创意向前推进

　　萨拉将这些图片记在头脑中，又拍摄了更多的照片。这一次，她将服装和面料悬垂于人体上，从而创造出梦幻般的意象，正如她在第一组照片中所捕捉到的情景。

　　这些服装是由她衣橱里现有的服装和她之前设计项目中的作品混在一起构成的。

　　萨拉特意选择了具有质地反差的服装，以表现出原始摄影作品中所蕴含的对比怀旧意味。例如，一条又长又厚的黑色针织围巾，一件多层的白色薄纱礼服以及一件源自先前设计项目的布满流苏的深色夹克。在这里，萨拉的方法更多来自于最初的设计过程本身，通过与廓型的联系找到二维设计过程的对应性。接下来，第二组图片是在一个昏暗的房间里拍摄的，仅仅使用了闪光灯。这样拍出来的照片更加抽象，甚至有些地方几乎是透明的。

　　萨拉有意将这一过程向前推进。她所做的一切都是经过深思熟虑且出于本能的：她所挑选出来的图片和服装，如何以三维立体造型的方法来模拟她在二维状态中所捕的抽象感……每一步都以前一步为基础，并且以一种特定的方式聚焦她的创意。

　　萨拉选择了具有最强烈视觉效果的照片作为她设计项目的基础。有些可以以三维立体造型的方式实现，有些则要通过面料再造或者表面印花和图案的方式来实现。选择一组图片是十分容易的，因为有些图片体现的是面料的层叠效果，而另一些，就仿佛萨拉将面料直接悬垂于人体之上，更多地聚焦在廓型上。这两个方向也决定了萨拉在设计方面的选择：面料的层叠及其所塑造的造型和廓型。

4 / 5 / 6
**在人体上进行立体造型**
　　萨拉拍摄了更多的照片，这一次主要捕捉她身上的服装和造型，从而模拟出她最初想要的那种梦幻般的效果。有时候，她还会使用双重曝光的方式来突显这一效果。

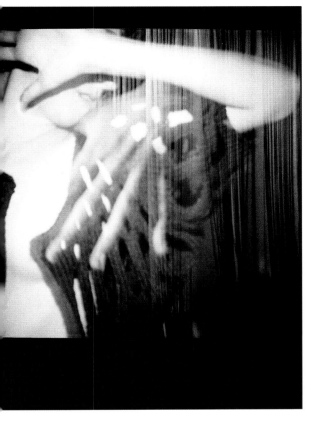

## 从创意到概念

对于萨拉来说，主题概念的出现是以按部就班的方式获得的：通过挑选照片，将它们分类，设计理念就变得越来越清晰了。当她聚焦每一组图片时，就可以将主题从二维平面向三维立体设计方面推进了。例如，她从选定的一张图片入手发展出印花图案，再从另一组图片中发展出来造型，最终，再将所有的拓展设计结合在一个设计或服装中。

请翻至第114页查看该项目的第二部分（概念），也可以翻至第178页查看第三部分（设计）。

# 新技术和新材料的实验研究

译者注：杰弗里·比尼（Geoffrey Beene）是由美国时装史上著名的设计师。杰弗里·比尼（Geoffrey Beene）于1963年创立的品牌。2004年9月28日去世。他不仅是一位富有创意的时装设计师，更是一位杰出的老师，他的弟子包括：朗雯（Lanvin）设计总监阿尔伯·艾尔·巴茨（Alber Elbaz）（今天最顶级的女装设计师之一）。

设计师杰弗里·比尼 的个人风格极具魅力，剪裁技巧一流，晚装领口十分服帖，针织布料既贴身又具时尚意义，他的设计使其成为最重要的美国现代派设计师，也使得杰弗里·比尼品牌时装流露出一种精致的品位，带有某种优雅、迷人的格调。

杰弗里·比尼 巧妙地把服装的摩登性、艺术性和可穿性结合在一起，每一季的作品都有惊世骇俗感，简洁利落的剪裁，表现面料的流动感，折纸化的三维立体造型接近于一种雕塑形式，带有明显的立体主义倾向。而坚持多年风格不改的几何剪裁、突显身体线条的礼服则是杰弗里·比尼的招牌。

在杰弗里·比尼的服装中，面料是一个很重要的元素，其选择的面料多具备传统和现代技术双重形式，倾向于采用双面织物，采用多种面料混合，还将男装面料的元素借用于女装之中。20世纪70～80年代，杰弗里·比尼的设计风格受欧普艺术的影响，以绘画形式设计服装，受弗兰克斯特拉的黑白组合油画影响，喜欢利用黑白色表现空间性和标识性。

# 过程

| 第一阶段 | 第二阶段 | 第三阶段 |
|---|---|---|
| 社交媒体研究 | 三维立体造型设计 | 三维立体造型修正 |
| 二维摄影 | 织物拓展 | 合作 |
| 二维平面纸样 | 可穿着技术 | 织物拓展 |
| 调整目标 | 面料创新 | 三维结构/创新 |
| 合作 | 三维立体结构设计 | 反思 |
| | 三维立体实验 | 二维拼贴设计 |

# 实践：光绘

## 莉亚·门德尔松（Leah Mendelson）

该系列作品是莉亚完成的设计课程作业中第四部分的一部分，是她在旧金山艺术学院（Academy of Art in San Francisco）攻读时装设计专业本科最后一年的作业。她最初的想法是为了申请美国时装设计师协会（CFDA）杰弗里·比尼（见第56页译者注）奖学金所做的项目，挑战则在于要做出与比尼（Beene）美学观相一致的系列设计。莉亚采用年轻富有活力的、异想天开的方法来做设计，而且理所当然将重点放在几何造型上（很著名的三角形剪裁）。

### 灵感从何而来

在任何一个设计任务规定的语境中，莉亚的典型做法都是从调研开始进行设计："调研对我来说是非常重要的，我会让自己深入思考一些看似与时尚无关的问题。"对于该项目，她从科学、时间感知、深奥的符号学等她感兴趣的角度入手，或者是她认为可以归为"大背景（the Big Picture）"的其他任何东西。她从图书馆开始，在那里她可以很方便地访问网站，还可以找到物理书、杂志档案及电影。莉亚主要聚焦于人体内的能量运动，并调查了包括生物学、针灸学以及秘教等在内的广泛信息。

莉亚发现在这些不同的学派中普遍存在着一个相似的视觉主题：每一种学派都用不同的科学表达方式来表达人体，都以线性运转贯穿其中。他们声称在我们的身体中一直运行着"能量"或"生命力"，无论它是以经络穴位之间的连接形式——"气（Chi）"来表现，抑或是以循环系统的方式来表现。在这一过程的初期阶段，她发现自己偶尔会感到有点失去控制。很重要的一

点在于，调研的不可预测性以其最真实的面目突显出来。通常情况下，在这一阶段是很难放开思路的，但是如果只是专注于最终结果的话，将会扼杀创造力和创新能力："从一开始我就很明确地知道，我对没有终点或者没有单一答案的事物感兴趣，尽管这将会是一个艰难的过程。但是，答案也有可能是多种多样的。所以我还会继续从网上或者书本中探寻一系列的研究，这些研究又将有不可预知的走向。这样我就可以打开思路，考虑我的毕业设计了，而且可以让我的好奇心带着我继续向前。"

对于莉亚来说，很明确的一点是，她知道她终将到达超越她当前想法的某个阶段，这种兴奋使整个研究过程变得充满乐趣。她感到她正在超越一些她曾经拥有的先入为主的概念：哪些是可能的，哪些是实用的，或者哪些她原先认为她"应该"做，或者她认为她应该成为什么样的人。随着研究过程的深入以及她对知识如饥如渴的追求，她表现出了更加开放和自主的态度。

1 / 2 / 3
光绘

　　光绘记录了光源的移动轨迹。在静态的图片和动态的影像之间存在着一种模糊的界限，莉亚发现这一现象是如此引人注目。

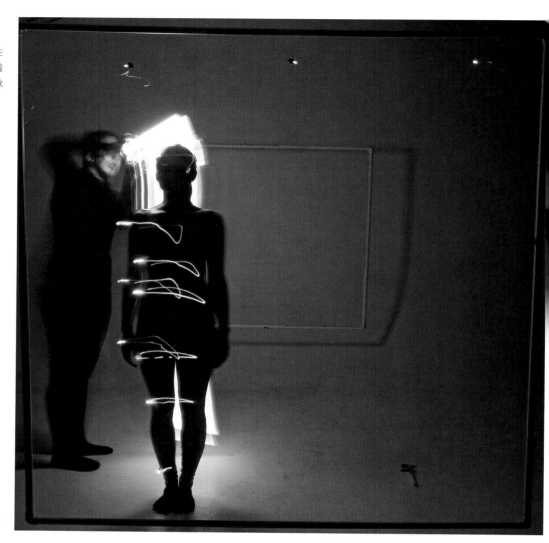

## 将创意向前推进

这种光绘艺术是莉亚在Facebook上发现的，她在朋友的页面中看到了这种光绘照片，因此就联系了摄影师，并且开始把光绘看作一种艺术形式进行调研。

光绘是一种简单的拍摄技术，当你在一个昏暗的房间里移动光源，并且让相机的快门比通常情况打开更长时间。通过这种做法，就可以"记录"下光源的移动轨迹。在莉亚的案例中，她在某些点上添加了闪光灯，以捕捉模特。

作为一种静态摄影，光的摄影是通过捕捉时间的推移来实现的，因此它是一种介于电影和摄影之间的交叉媒介形式。而莉亚正是被新媒体这种介于静态图片和动态电影之间的模糊特性所吸引。她的许多设计作品都是从研究一种艺术形式开始的，然后再将这些理念融入服装设计的语境中。

莉亚对这种令人惊叹的媒介进行探索时，她发现了巨大的创造力和多种可能性，因此，对于将它运用到自己的设计作品中，她感到十分兴奋。她相信，光绘是对人体内部流动的能量的最佳诠释方式，把光的不断变化和发光的特性运用到作品设计中，也是一个对能量特性本身最完美的诠释。

**4**

**设定拍摄效果**

莉亚和摄影师以线框的形式在PVC管子和发光二极管（LEDs）外搭建出具有三维视觉效果的正方体。

5

6

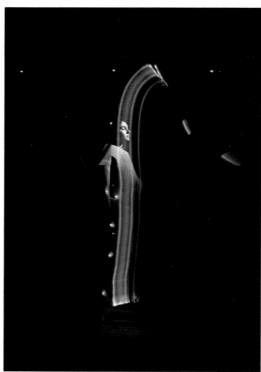

**5 / 6 / 7 / 8 / 9**
**利用光进行立体造型**
　　通过捕捉光源的移动轨迹，莉亚成功地运用光在人台上进行"立体造型"。

7

8

## 从创意到概念

莉亚决定与摄影师合作，从而将摄影师的摄影技术与她的设计理念相结合。他们决定在PVC管外部搭建起一个具有三维视觉效果的正方体，并将电线以抛物线的方式沿着正方体边框进行悬挂。然后他们可以把发光二极管钩挂到电线上，这样当它们滑动出流线的时候，他们就能够捕捉到光源移动的轨迹，从而创造出光绘作品。

虽然莉亚还不清楚如何将这些与她最初所拍摄照片的想法联系起来，但是她还是想以摄影师的专业见解为基础，对他的概念予以支持。她知道，要实现这样的复杂过程并得到所期望的结果，需要进行反复实验，并且拍摄多张照片。正如她所预想的一样，在拍摄过程中，她的概念没有奏效。由于沿着电线移动的发光二极管速度过于缓慢，当把电线弯曲成一定角度来增加其速度时，二极管中硬币币大小的电池就会弹出并且掉到地面上。与完美的几何美效果相比，这种视觉效果更像是光在"抽泣"。

莉亚将她自己所找到的一些光源与摄影师那里的光源设备放在一起使用，因为在拍摄过程中她想要获得多种光源混合使用的效果。她使用了阴极灯（一种超亮的、电子光）以及能够变换色彩和图案的电子荧光棒。莉亚使用这些光源工具来进行"立体造型"——对于他们捕捉到的光所塑造出来的形态与廓型进行反复试验，这些对于她的设计过程将会很有帮助。

作为对光绘的一种回应，莉亚裁剪了一条连衣裙的纸样并将其固定在模特身上。大约在一个星期前，她在街上找到了一张纸——巨型的、高2.43米（8英尺）的广告标语牌。当时她并不知道要用它来做什么，但是她的直觉告诉她，这个东西将来一定会派上用场的。

在第二次拍摄时，摄影师带来了附加的辅助设备，但是他们在该项目的技术方面发生了一些争论。一些人认为，莉亚记录的光的数量过多，有些难以应付，但是对于她而言，实验性才是关键，她对她的理念深信不疑，所以要继续下去。就合作而言，有时会存在观点的冲突，在这种情况下，较为有限的技术条件与莉亚的冒险及想要的拍摄风格之间是相抵触的，从专家的角度看来，这些似乎是"不太现实"的。这些不同意见自始至终都存在着，也证明了该项目的挑战性，但是莉亚仍坚持她的立场，超越这些古板的方式并获得她想要的摄影效果。

莉亚最终的挑战就是关于这些照片的发布问题。因为她选择了这种另类的方式进行拍摄，而在摄影师看来这些都属于较次品质的照片，因此不愿意让她公开。但是莉亚将这个项目看作是她对构思过程的一个重要尝试，每一张照片都是整个过程的必要文件，而且对她的项目及下一阶段的设计拓展而言是非常重要的。最终，她说服了摄影师将她所需要的照片都给了她。

通过与摄影专业的学生合作，莉亚接触到了那些已存在的、但她根本不了解的素材，这为她提供了超越于传统时装领域的更多选择。尽管她并不确切地知道拍摄的结果究竟会怎样，但是对她而言，这是令她兴奋的四个小时。

9

**请翻至第120页查看该项目的第二部分（概念），或者翻至第184页查看第三部分（设计）。**

**悬离于人体之外的柔和而悬垂的廓型。**

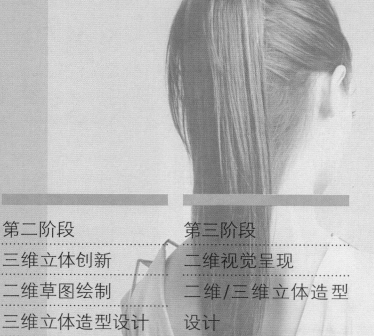

# 过程

| 第一阶段 | 第二阶段 | 第三阶段 |
|---|---|---|
| 可视化研究 | 三维立体创新 | 二维视觉呈现 |
| 二维视觉化呈现 | 二维草图绘制 | 二维/三维立体造型设计 |
| 三维概念 | 三维立体造型设计 | 三维立体拓展 |
| 观察研究 | 实现及物化 | 将二维草图串联起来 |
| 叙述研究 | 三维立体精准裁剪 | 时尚大片拍摄 |
| 三维立体结构设计 | | |

# 实践：张拉整体

## 奥拉·泰勒（Aura Taylor）

"张拉整体"项目是奥拉在旧金山艺术大学（The Academy of Art University in San Francisco）攻读时装设计专业硕士时提交的毕业设计作品，是五个二维平面的作品其中的一个。该作品是从先前对仿生学（利用对生物进化和生物系统的研究来解决人类问题）的拓展研究以及对针灸学和张拉整体概念的调研推演而来的：这是在具有持续压力的结构系统中，凭借个体元素互相制约而形成的结构。

该项目突出强调了整个设计过程以及其中的各种挣扎。设计师经过反复实验将设计过程向前推进，而勇于迎接挑战才是这个过程的关键因素。奥拉（Aura）回顾了一下先前项目中悬而未决的一系列概念。在这个全新的研究范围内，她将她的思维过程沿着一个新的方向向前推进，最终拓展出了一个更加完整的设计理念。

在这个项目中，我的目的在于保持服装的有机特性，不仅是传统意义上的服装造型，而是对结构有更多理解。

——奥拉·泰勒

**1**

奥拉维尔·埃利亚松

（Olafur Eliasson）

　　受到丹麦冰岛艺术家奥拉维尔·埃利亚松的作品的启发，奥拉想象着也许她能将她最喜欢的计算机几何图形转化成三维的设计。

**2 / 3 / 4**

可视化研究

　　当奥拉增加越来越多层次之后，她又回想起了针灸。从这个角度，应该可以获得更深入的可视化研究。

**5**

用大头针模仿矢量图形

　　奥拉开始用大头针与线在人台上进行试验。

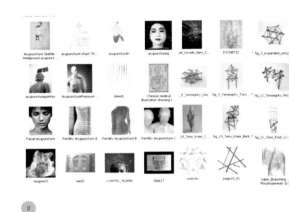

## 灵感从何而来

　　该项目的最初灵感始于偶然，而后就自然而然进行下去了。在她翻阅自己的灵感图片库的时候，奥拉很自然地被其中大量的矢量图形所吸引，然后就开始想着如何才能将这些好看的二维平面矢量线条变成精准的三维立体几何图案。

　　于是，奥拉开始用大头针和线在一个人台上进行试验。在人台的背部，她先用大头针扎出了一个圆形，然后她模仿计算机生成的矢量图形，将线在一个个大头针之间绕来绕去，并在某些点之间反复缠绕。

　　随着线的层数不断增加，并向前身延伸出了新的图案，她想起了她的针灸主题，因此她开始进一步调研针灸的实际操作与哲学思想。

　　她按照人体的穴位在人台上重新排列大头针，并用线将这些点连接起来，创造出了一个象征着生物能量流动轨迹的三维立体网状结构。

　　随着研究的深入，奥拉将进一步扩展思路，从简单地用三维立体线状结构模拟二维的计算机图形，转而去表达那些无形或者"隐藏"的鲜活能量的映射概念。穴位的能量轨迹和模型图令她着迷，但是，她还是想扩大研究范围，从整体上把握这个哲学理念所适应的地区，以及它如何与我们当今的生活建立联系。

　　作为一名社会思潮的观察者，奥拉受到自己的直觉和想法的引导，经过进一步相关资料的阅读，她萌发了研究仿生学、健康与康复的想法。仿生学，或者称为"模拟自然"，是通过研究自然界中存在的模式、系统和结构，进而进行模拟的学科，从这些模型获得灵感，并

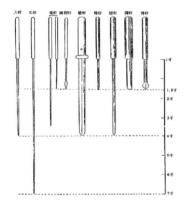

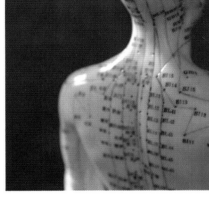

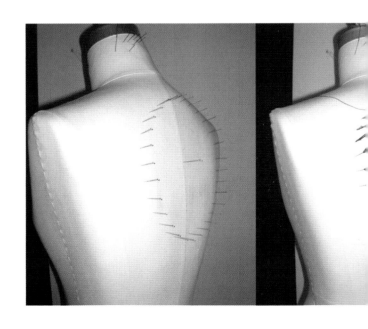

从设计角度得出提升产品的解决方案。仿生学还告诉我们，我们所探寻的每一个解决方案都是大自然的设计，因此，如果我们与它重新建立起联系，那么我们将会保持健康。在这个例子中，奥拉把针灸学看作是使自然界重要能量趋于平衡的灵感模型。

"我们生活的时代飞速发展，每个人、每个事物看似都在快速运转。信息为我们带来冲击的频率也是相当惊人的。人们会经常谈起过度兴奋和过度压抑的感觉。我认为，这是考虑'活力再生'的最佳时刻。很多事物会使我变得枯竭，超负荷工作超过了我们身体所能承受的范围，感觉精神萎靡，这都是因为我们吃了不对的食物，不参加锻炼，或者将能量传递给那些耗尽我们生命能量的人们。如果我们再增强一点意识，所有这些问题都会迎刃而解。为了在我们体内和周围创造出可以使生命获益的能量，我们必须注意如何利用和传递它。我想通过本系列作品来增强人们的这种意识，并且使他们在健康方面的观念有所转变。"

随着研究的继续，奥拉找到了更多可以将她的理论深入拓展的视觉参考资料，并在《杂志视角》（*Viewpoint Magazine*）杂志上偶然发现了一篇关于未来社区的文章。

该篇文章指出，到2050年，将会有80％的地球人口居住在城市中心，这将进一步加大人类与大自然之间的隔阂。文章认为，这将会引发"城郊（Rurbans）"和"健康城市（Healthburban）"这两个新社区的崛起。"健康城市"社区将更关注人们健康的生活方式，并从古代的哲学中寻找先哲智慧，并从冥想、锻炼和健康饮食方面进行实践。这种新新人类将会生活在世界上布满城市地铁的地区，一方面享受着现代生活所带来的所有好处，另一方面也会不断地探寻，通过身体和大脑与他们的能量之源重新建立起联系。

对于文章提出的想法，奥拉深受触动，同时也鼓励她将自己的想法继续下去。她设法找到可以表达这种哲学理念的材料形态。她再次确信，作为一个整体理念来看，她的想法对于未来设计的语境而言是非常重要的，这不仅仅是个人的视角，而是全球化的视角："'健康城市'的景象不仅向我传递了一种平静和古老智慧的感觉，而且还迫使我考虑去探索古希腊的立体垂褶样式和非西方样式的服装。在一开始，我并没有考虑立体垂褶的服装，仅仅因为这并不是我预想的整个系列设计所应呈现的风貌（大都市生活与大自然法则之间的隔阂），而且我也认为它并不能够满足我个人的审美追求。然而，在我放弃了单纯的绕线概念后，转而把它看作是张拉整体系列设计情绪基调的主要视觉表现手法，因为它与该系列的理念很吻合。接下来，借助于金属支架结构，通过几何学我引入了更具控制力的立体垂褶，以期在现代感与像垂褶这样可以表达平静和亲近感的事物之间找到平衡。"

这进一步强化了她继续探寻理论支持的重要性，奥拉也还在一直寻找使她的设计概念与设计语境更为融合的表达方式，不仅仅就她自己的设计过程而言，而且还要从更广泛的、全球化的视角来考虑。她的发现证实了她最初的直觉判断，并且引领着她，怀揣着这样两个心愿，沿着这个方向继续前行。

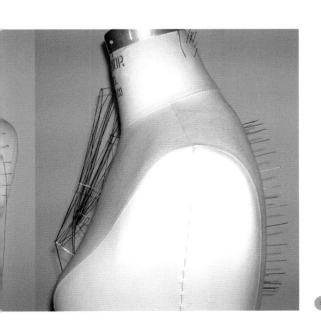

5

随着她不断向前推进，奥拉发现了生物体的模式与自然界的模式之间的联系，正如星星和星系之间的联系。但是沿着这个思路进行设计拓展没有得到任何结果后，她决定略微改变一下思路。

## 从创意到概念

通过调研各种图像素材，她放大和缩小人体进行观察，奥拉可以看到这些生物体（人体的穴位、星星和星系、植物的结构、细胞、声波等）的几何模式的差别究竟有多大，而且它们都以各自不同的比例和参照对象进行重复。

通过所有的观察，奥拉得出的一个重要结论是统一性。从一开始用一个大头针代表一个穴位，她发现自然界和宇宙中的所有事物都存在内在联系，同时她还发现，大自然中的生命能量可以在宇宙法则的基础上毫不费力地运转。她说："生物学和时尚似乎是两个完全矛盾的事物——生物学代表的是有生命力的、重要的和有机的事物，而时尚则是指人造的表面现象。可以将它们两者统一起来吗？在早先的'隐匿的世界'系列中，我曾经尝试将看似处于两个极端的事物统一起来。为了找到解决方案，我还对人体的内部外部进行了研究并且将这些生物现象转化到服装中。"

"隐匿的世界"是一个基于仿生学的可穿着的艺术设计系列，它由两个小系列构成。灵感来源都是人体，对设计方法提出了挑战性，时尚的理念超越了物质本身。因为我寻求时尚中的审美表达，所以我试图打破可控的、标准化的方法以及重复的模式和服装设计过程本身。在本系列作品中，我的目的在于保持服装的有机特性，不仅是传统意义上的服装造型，而且还对结构有更多理解。

在对人体内的生物能量进行初步调研后，奥拉仔细地进行了分析，并将自然现象有机地转化为几何造型和结构。这些结构最终成为服装设计中结构力的理性表达。

在设计拓展失败后，奥拉寻求新的解决方案，提出了张拉整体的概念，或者叫作"悬浮的压力"。

"张拉整体"的结构原理是以持续受压的压力网中独立构件的运用为基础的，在这种情形下，受压部分

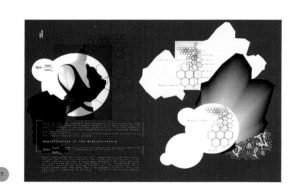

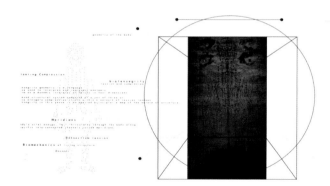

## 将创意向前推进

接下来的环节是奥拉设计过程中最典型的研究方法，通过创建词汇将创意与概念联系在一起。在这个阶段中，她先写出调研中的关键词，然后在字典中查找这些关键词的定义及其与其他词汇之间的关系。最终，就出现了整体性、康复和冥想等这些关键词。例如，"中心意念"表示一种聚焦的状态，身心完全融合，平和、沉静和统一。她说："我把这一阶段当作是一次发现和学习的过程，期望可以获得对我的设计进程和视觉表达起到引领作用的新见解。通常情况，这个阶段之后我将会明确地界定概念，并准确地明了哪些元素可以成为我的设计哲学的代表性视觉语言。"

（通常是金属条或者框架）不会互相接触，而且预先受到拉伸的拉紧部分（通常是电缆或者筋脉）会形成空间系统。❶

为了探寻深入的想法，并为服装的三维立体结构寻求工程方面的解决方案，奥拉探究了著名的工程师巴克敏斯特·富勒（Buckminster Fuller）的作品，巴克敏斯特·富勒是全球工程师的先驱，也是第一个发明了"张拉整体"这个词语的人。她重新回到她的词语导图阶段，再次创造新词汇并进一步扩展这个概念，这一次则是以她新的调研和灵感为基础，但是采取截然不同的方向。关键词包括：材料的功效、建筑、能量、协同效应、张拉整体、张力和生物张拉整体（作为肌肉和骨骼的协同作用形成了肌肉—骨骼系统）。

译者注：

理查德·巴克敏斯特·富勒（Richard Buckminster Fuller，1895年7月12日～1983年7月1日）美国建筑师，人称无害的怪物，半个世纪以前富勒就设计了一天能造好的"超轻大厦"、能潜水也能飞的汽车、拯救城市的"金刚罩"……他在1967年蒙特利尔世博会上把美国馆变成富勒球，使得轻质圆形穹顶在今天风靡世界，他提倡的低碳概念启发了科学家并最终获得诺贝尔奖。他宣称地球是一艘太空船，人类是地球太空船的宇航员，以时速10万公里行驶在宇宙中，必须知道如何正确运行地球才能幸免于难。

对张拉整体及与其类似的生物能量进行调研之后——通过抽象而严谨的几何化结构原理对其进行诠释——奥拉认为，对于本主题的重新开启而言，它具有恰到好处的美感和结构解决方案。这也是其一直寻找的生物学与时装之间的联系，在一切事物的表面特性，如鲜活的、重要的、有机的，与肤浅的和人工的特性之间的联系。她决定在服装中运用张拉整体的原理，并再次选择去诠释和表达结构几何的核心主题以及生物体内各种能量的相互作用。

通过反复试验和各种挑战的过程，她的概念逐渐越来越坚定了。她现在开始着手根据张拉整体的原理建构服装，她采用了一个简单外露的支撑结构，可以使服装从人体延伸开来并保持造型。

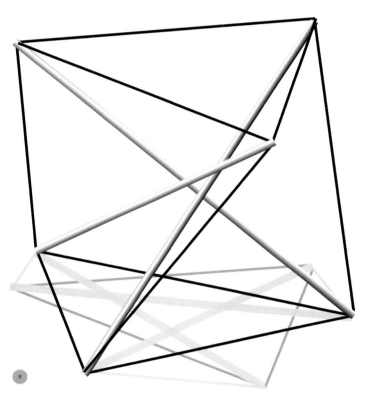

9

9

**张拉整体**

正是从这一点想到了"张拉整体"这个概念。它的结构原理是在一个持续受力的结构系统中，每一个独立元素都彼此约束并起作用。

请翻至第126页查看该项目的第二部分（概念），或者翻至第190页查看该项目的第三部分（设计）。

❶ 格美兹-贾瑞奎（Gomez-Jauregui）（2010）《张拉整体结构及其在建筑中的应用》。

一项关于形态记忆材料与新型
工艺技术及织物的调查研究

# 过程

| 第一阶段 | 第二阶段 | 第三阶段 |
| --- | --- | --- |
| 对手工技艺的调查 | 融合织造 | 有机工程 |
| 数据采集 | 纤维试验 | 自然编程 |
| 材料/科学研究 | 手工技艺 | |
| 日志记录 | 传统与科技 | |
| 材料/科学实验 | 刺绣 | |
| 可视化研究 | 天然/人工技术 | |
| 二维草图绘制 | | |

一项关于形态记忆材料与新型
工艺技术及织物的调查研究

吴燕玲的"技术自然学"

**69**

第一部分
创意/实践
**H**

第二部分
概念/实践
132

第三部分
设计/实践
196

# 实践：技术自然学

## 吴燕玲（Elaine Ng Yan Ling）

　　吴燕玲通过对形态记忆材料功能的探索，以优异成绩获得了英国伦敦中央圣马丁艺术设计学院纺织未来设计专业的硕士学位。她专注于研究如何将自然元素的特性体现在人造材料中，从而提升现代建筑设计和室内的设计水准。"技术自然学"就是她的硕士学位论文研究的课题。

　　吴燕玲的设计理论是以仿生学为基础，将研究重点放在手工艺和技术的合成物上。通过使用程序进行形态记忆材料的设计，她探索了形态记忆材料如何通过对热、光和电做出自然反应来获得运动，以及在自然环境条件中的光、强度或者机械力等因素的影响下、如何使编织和蚀刻图案发生变化。在可持续和环保的设计理念下，吴燕玲探索了现有的都市型纺织物及其对太阳光、风和雨的反应。

　　技术自然学（使用仿真技术来激活和模拟自然反应）是吴燕玲关于自然形态和设计技术之间关系的最新研究发现。她的系列设计在英国伯明翰获得了2011年度室内外观设计的英国新设计大奖。最近，她还获得了TED的奖学金。

　　译者注：

　　TED（指Technology, Entertainment, Design的缩写，即技术、娱乐、设计）是美国的一家私有非营利机构，该机构以它组织的TED大会著称。TED诞生于1984年，其发起人是里查德·沃曼。2002年起，克里斯·安德森接管TED，创立了种子基金会（The Sapling Foundation），并营运TED大会。每年3月，TED大会在美国召集众多科学、设计、文学、音乐等领域的杰出人物，分享他们关于技术、社会、人的思考和探索。

（Idea）到概念（Concept）的深度拓展起到支撑作用。

吴燕玲发现，从微观角度来看，木质的纹理会沿着阳光照射的方向不断生长，并且会受到湿度的影响而改变它的外在风貌，从宏观角度来看，她发现松果的力学结构会受到它的双分子层系统的影响。她还研究了智能材料的物理性能，例如，形态记忆纤维、聚合物和合金，并且研究了外部因素如何影响它们的外在风貌及表现。例如，当让电流通过形态记忆合金（如镍钛）的时候，合金会产生反应并且改变形状，然后又会恢复到原来的形状。同样，形态记忆聚合物会因温度的改变而受影响，可以被塑型或者被拉伸成任何想要的形状。

为了了解形态记忆材料的性能和物理现象以及分子的排列方式，吴燕玲需要做大量的调查研究。为了了解现存合金的不同种类，她不得不学习如何读懂物理图表。她拜访了各种不同形态记忆材料的供应商和大学，以进一步了解与形态记忆力学相关的知识。这也表明了她对初期的设计和调研过程的强烈认同感。

如果你没有现成可用的资料，那么很重要的一点是，要找到可以给予进一步明确解释的专家。在本案例的科学语境中，为了能够在科学与纺织品之间建立起联系，吴燕玲需要对超越她的知识领域的内容进行广泛的研究，这对她的课题研究是极其重要的。

## 灵感从何而来？

该项目将研究重点放在如何使材料性能转化成为一种工艺技术。吴燕玲的最初创意始于对形态记忆材料单纯魅力的关注，尤其是它的物理性能对设计行业带来的冲击。该项目旨在探索形状记忆合金/聚合物和木质的天然传感系统之间的功能及共生关系。通过合成构造系统的运用，研究天然材质和人造材质的本质属性，从而挑战那些先入为主的局限性认识，并且挖掘纺织品的潜力。在拓展创意的第一阶段，吴燕玲主要了解了材料本身的物理性能。

传统的设计方法主要包括一手资料的调研和二手资料的采集。在本案例中，吴燕玲的最初调研分为了两个部分：第一部分——以科学为灵感的数据采集，第二部分——调研如何以传统方式运用天然材质，如藤条（可控性较差）和可编程的微控制器并存进行编织。

关于调研方法的选择，最初源于吴燕玲对实验室实验的物理现象和实验方法的个人兴趣；通过事实找寻答案。从传统意义上来看，科学家们常常认为消极的数据采集是无用和浪费时间的。然而，作为一个纺织品设计师，吴燕玲发现这个过程非常有趣。她从传统意义的角度进行了科学的、合理的数据采集，同时还将这种方法应用于设计中。

吴燕玲下一步调查的是研究大自然不断发展演变的能力。她之所以选择对薄木片的柔韧性进行研究，是因为木材的性能与她计划采用的形态记忆材料的性能很相似。既然这是一个以材料为先导的课题，因此，薄木片以其天然的形态记忆性能成为很好的选择。在很多人看来，木质的翘曲变形被看作是研究的不利因素，但是吴燕玲却认为这是一个独特的优势，因为它为人造的形态记忆材料和天然的形态记忆材料提供一个很好的对比。

为了了解现成可用的木质纹理的自然表现力和不同种类，吴燕玲拜访了不同种类薄木片的制造商，还与家具和木材专家进行了交谈。她收集了不同种类不同纹理的薄木片，其中包括鸟眼纹枫木、胡桃木、柚木，同时还阅读了有关薄木片的生物学知识。这种做法反映出她对一手资料的调研，信息采集的出处将会对创意

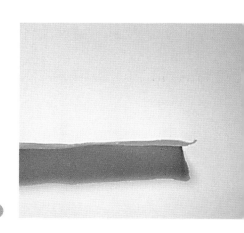
③

**1**

**材料研究**

    形态记忆合成物的形态变化及对外界刺激做出的反应，例如热。

**2**

**天然材料的力学研究**

    吴燕玲对松果进行研究，并观察它们在湿度变化下如何弯曲。

**3**

**材料测试**

    吴燕玲发现，有些形态记忆材料的性能是由程序事先设定好的，而有些形态记忆材料可以通过训练来获得想要的形状。

**4**

**形态记忆聚合物**

    柔软的聚合物在与热空气和热水接触的时候，会被软化并具有可塑性。

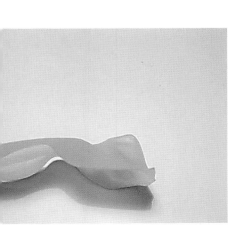

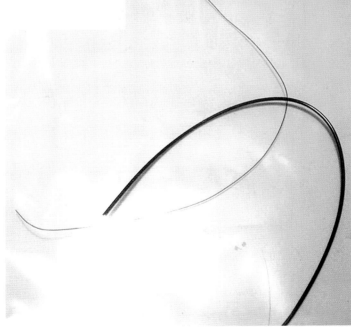

## 将创意向前推进

吴燕玲从两个截然不同的方向推进她的创意：基础的科学研究和设计调研。她通过从几个不同的角度对主题进行深入调研，包括数据采集、材料和科学的调查研究，论证了该研究方法非常具有深度。

吴燕玲运用她所采集的数据，通过日记的方式记录下了样本的原始状态，以及在外部刺激（温度、湿度、电流和日照）下它们的外观发生改变的情况。

为了将她的想法进一步推进，吴燕玲采用天然的形态记忆材料——木材与人工合成的形态记忆材料——合成物和聚合物作为物理实验的样本，并进行实验，从而分别测试它们对水和湿度、电流和电压的不同表现和反应。吴燕玲采用两种方式记录实验结果，分别是天然（形态记忆材料）的日记簿和人工合成（形态记忆材料）的日记簿。在天然形态记忆材料的日记簿中，她主要测试了会对天然材料表现带来影响的想法；例如，如何在设计木材时引入湿度的因素，以及如何让"风化"成为设计过程的一部分。首先，她测试了风化的过程，因为这个测试的结果花费的时间最长。

在人工合成形态记忆材料的日记中，吴燕玲用录像机记录信息，包括电流测试、使用的传感器类型和合成物的表现形式。她发现，当电流通过这些合成物的时候，会散发热并会破坏纺织品。所有这些实验使她对形态记忆合成物有了更深入的了解。为了更好地编写，可以控制电路的程序代码，同时更好地了解空间和用户之间交流的最佳传感器，吴燕玲采用二极管灯来检测电路。这是判定电路是否有所反应的最有效和最可行的方法。

为了采集科学的数据，吴燕玲还针对普通大众展开了调研和问卷调查。她想要通过调查，了解他们是否可以感知到材料的空间从哪里以及如何产生运动，以及他们能否理解材料的结构与表面形态与构造方面的运动的关系。在这个练习中，吴燕玲还让调查对象用纸折出结构。这个练习检测了拓展构造运动表面概念的可行性，也使吴燕玲避免创建一个难以理解、完全陌生的概念。

就吴燕玲的设计灵感而言，她觉得可以将形态记忆材料的特性和大脑骨密质（Cortical Bone within the Brain）的生长之间建立起联系，因为它们在柔韧性和可塑性方面具有相同的物理性能。她采集了大脑的医学扫描图，并研究了大脑皮质折叠层的运动，并将其外观与树根的生长进行对比（凸显出它们可以在狭窄空间中生长的特性，即可以根据周围环境的空间特点而塑造形态）。

这一阶段，手绘本的研究内容包括采集薄木片的实物样品，并在树皮和树根上作标记。这个过程使吴燕玲了解了这些有机形态是如何形成的。通过制作标记（或者拓片），她了解了风化过程如何会塑造出一种三维立体的肌理效果。这些各式各样的一手研究资料使吴燕玲获得灵感进行第一阶段的绘画和草图绘制，这也直接影响到下一阶段中作品的外观风貌。

5 / 6
**基础研究**

吴燕玲采集到了一手数据，调研了一些问题，诸如如何使风化成为设计过程的一部分以及如何折叠面料以创造出有机形态。

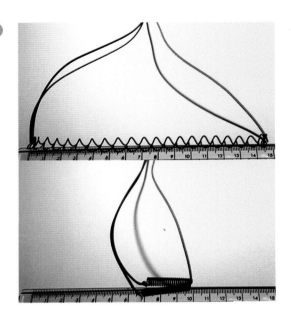

**7**
**采集数据**

　　在这里，吴燕玲测试了当电流通过形态记忆合成物时，形态记忆合成物做出反应的速度。

**8**
**图表示意**

　　这里，吴燕玲创建了一种可以表明松果反应的示意图。

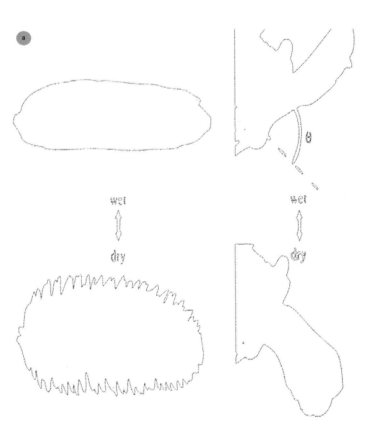

## 从创意到概念

　　在采集了与形态记忆材料相关的所有信息资料后，吴燕玲已经能够更好地了解每种材料在外部刺激下是如何反应的，如热、水和电流。从自然界的这种应激反应中汲取原理，并通过设计来模拟该过程，这就是仿生学（模拟自然的表现和工程）设计的基本原则。自然应激系统是大自然对它周边环境做出反应的方式。仿生学已经成为一个非常有影响力的现象，尤其体现在近几年的功能设计方面。

　　对不同种类的形态记忆材料进行试验研究后，吴燕玲更好地了解了人工合成的形态记忆材料和天然的木材之间的相似性。在设计过程的下一阶段，她对与"立体书（Pop-up Book）"具有相似结构的纸型结构进行试验，将纸和木质材料缝制在一起。在这一阶段，吴燕玲遇到了一些问题：她必须要先发起动作，然后才能将"弹出"结构弹出，而且这种交互反应非常僵硬。由于不断重复着相同的变化，观察本身也变成了一件很枯燥乏味的事情，因此这就促使她去寻找一种"柔和的交互反应"，包括与周围环境的相互作用：运动变化是跟随时间变化同时进行的，最重要的是，运动变化应该来自材料自身。最终，吴燕玲想出了创造混合材料的想法，主要将重点放在成分如何对外观带来影响。

　　吴燕玲的概念建立在这一系列的调研之外。她的目的是将自然应激系统的反应与智能材料结合在一起，来创造天衣无缝的构造运动，这种运动既创造了一种可控的反应，同时仍然受自然反应的影响与支配。

请翻至第132页查看该项目的第二部分（理念），或者也可以翻至第196页查看该项目的第三部分（设计）。

# 学者观点

## 乔纳森·凯尔·法默（Jonathan Kyle Farmer）

**你的设计理念是什么，会给你的教学带来怎样的影响？**

我的设计理念很简单：是关于发现和界定自我。作为设计师，我相信我们具有可以改变世界的能力：发明、重新定义、解决问题，不受他人约束并按照自己的想法生活。

我会寻求尽可能多的方式去感受生活，但是更重要的是，我会倾听这个世界告诉我的一切，并且通过不断实践和竭尽全力使这个过程不断发展壮大。在工作中我也是这样去做的，通过不断反思使自己获得重生，同时重新构建自己的方法论和体系。

这些对我的日常教学带来了影响：我会鼓励我的学生按照这种方法进行设计，而不是按照他们对这个行业所理解的需求导向那样，想当然地进行设计。我坚信，通过我们自身体系的实施，我们每一个人都能够对所谓的"行业标准"进行重新定义。而且通过一些固有的想法去做，我们就能够证明哪些是成功的做法，哪些是失败的做法。

**作为一名指导教师，你用什么方法来激发学生，使他们超越自身的局限性的？**

有许多基本原则，其中有两点很重要："完全诚实"和"使其个性化"。

"完全诚实"，与其说是一种方法不如说是一个人的品质。尽管有些人就文化和生理方面具有阅读障碍，但是他们可以凭借个人阅历和宽广的知识面来进行分析。对于一个学生的成长而言，诚实要比甜言蜜语的反应更为至关重要。

"使其个性化"，这个方法体现了培养个性化审美情趣的重要性。但是更重要的是要因材施教，考虑每个学生不同的背景、生活环境和信仰。

**你能描述一下你在教学中所采取的某种特定方法或者教学模式吗（即你的独一无二的方法）？**

在每个主题开始的时候，我都会创造性地为学生设定设计任务。这需要考虑到我所遵从的设计范式和价值观，甚至有时候会按照事先打印出来的任务书的要求进行设计。考虑到一些理论基础，例如视觉认知能力，也有助于我聚焦于教育过程的每一个细节：关键的一点是，要对课程拓展过程中的每一个沟通细节予以充分考虑（包括语言和非语言的）。

我一直采用着我在过去七年中所探索的一种教育模式，其基础在于"因材施教"同时去领会每一个可供选择的设计过程。

此外，还应该明白，在设计和学习的过程中，关注玩的概念是自然而然的事情。玩必须建立在学生们先前已有的知识基础之上，而且能够给他们创造机会围绕自己的想法拓展技能，同时可以牢记与之而来每一步新体验。

我鼓励我的学生积极参与到这样的过程中来，更重要的是，使他们获得乐趣并通过在"玩"的过程中发现不同的元素来享受他们所做的事情。

**你的设计方法的来源是什么？它是怎样发展演变的？**

作为一个有阅读障碍的人，在我的教育过程和策略开始实施并得到发展的时候，我意识到，我似乎在学习经验和拓展方法方面没有考虑太多。这就促使我建立自己的语言，而且，在绘画和视觉语言方面最终能形成我的母语，这也有助于是从一开始就意识到，设计教育中的视觉认知技能与其他学术领域中的语言认知技能的可识别的意义是同等重要的。

最终，我发现，童年时期我认为最难学的事物已经成为我最强大的教学工具：语言、语音、语义和文字游戏。我问学生："什么是裙子？一件连衣裙？一件大衣？"然后我让他们将它翻译成不同的语言，然后再回到英文，接着再问他们："现在它看上去是什么样子了？""听起来又是怎样的呢？""它的功能还跟最初所赋予它的名称一样吗？"

**当学生在设计过程中碰壁时，你如何帮助他们向前推进呢？**

我认为，作为一名教师，我的职责就是帮助学生明白，碰壁并不是真正的障碍，而是"设计过程"本

乔纳森·凯尔·法默（Jonathan Kyle Farmer），2000年毕业于英国伦敦皇家艺术学院，现为纽约帕森斯新设计学院的副教授。他曾作为一名时装设计师和插画师游历世界各地，并且在国际上教授美术学士和硕士的课程。作为一位未来派艺术家，凯尔（Kyle）以其作为一名教育工作者和实践型设计师的设计方法，造就了一种探索与创新，对于传统意义上所理解的"时装设计师"无疑是一种挑战。

身。我鼓励学生尽量不要预想一件作品应该是怎样的，而是打开思路，让设计作品顺其自然地成为它本来应该成为的样子。

**你认为设计中是否存在"对"、"错"之分?**

我认为，并没有所谓正确的设计方法。正如我前面所说，我们都有能力去发现并建立自己的设计语言。

同样，我认为每一位老师都有其不同的教学方法。然而，我承认，教育方式的确存在对错之分。这与老师强加于学生的"设计方法"和"审美"相一致，他们会从他们的认识角度来确定哪些是"正确或错误"的，并做出决断。

**你对以下词语的重要性怎样理解，能否分享一下?**

调研：这是所有课题/金字塔的基础，如果你的调研做得不够扎实，就会缺少根基，你的设计过程也不会强大有力。调研不单纯只是采集数据，还包括在做的过程中发现问题。

实验/设计拓展：实验正是我所谓的"玩"，而设计拓展则是一个解决问题的过程。这两者互为补充、互相联系，而且是在这个互补和动态的结构中是相关联的。

过程：简单理解，就是某事的实施过程。

视角/审美/品位：从个人角度来看，我不认同"品位"并把它与审美相联系的看法。从我个人的价值观和个性来看，我不认同通过"正确的审美"来将事物进行归类。总会有一些人喜欢你的设计，而有一些人不喜欢。关键是要先定义自己，其他的便会随之而来。

设计师的身份认同：这都与你自己的身份认同相关，你若能找到自己的身份认同，那么人们将会识别它，并按照这样的定义去认识你。在你的头脑中，绝对不能只考虑顾客，如果你的身份认同已经很明确了，那么适合你的产品的顾客自然会找到你。当然，所谓缪斯的概念，则是另外一回事了。

自我反思：这是"帮助你坚持下去"的关键，也是你了解自己的设计方法的关键，对问题明察秋毫并因此获得自主权。

**如果将你的设计方法浓缩成一句话，会是什么?**

激发个性就能够有所创新和创造。

**对于那些试图建立他们的个性特色和审美观的学生或者新晋设计师，你将给予怎样的建议?**

为你的作品赋予背景，了解在历史上前人是怎么做的，然后再来说："我现在是如何做的"。你只需要多问"为什么?"，就能够改变世界。

# 设计师观点
## 西基·艾姆（Siki Im）

**你的设计理念是什么？**

创建并提出一个与众不同的见解和观点。

**你是如何工作的？在你的设计过程中，第一步做什么？总是一成不变的吗？**

每次都有所不同，而且我很喜欢这样。有时候时间有限，面料选择是第一步。有时候会优先考虑我的手绘本，但是总体而言，设计总会从一种感觉入手。这可能是从《纽约时报》（New York Times）、一本书、一部电影、政治、社会舆论或者强烈的记忆中获得驱动。在实现我的设计之前，我会绘制很多草图、对细节进行研究、做出实物模型、进行实验和立体造型。

**你的设计方法是如何发展演变的？它会随着时间的推移而改变吗？**

设计方法都是一样的，当我设计一个空间、图形或者音乐的时候，我会采用同一种设计方法。唯一不同的是数量上的变化。

**你的设计方法是出于本能还是通过后天学习获得的，或者两者兼有？**

更多是两者的结合。我认为，作为一名训练有素的建筑设计师，我更多地倾向于坚持理智的部分，然而，一直以来我的学习体会是，时尚也是一个非常注重感性的过程，这一点是毋庸置疑的。

但是这可能还取决于时间。通常，要花费几年的时间去设计和建造一个建筑，而在时尚界，你在一年内必须完成两个系列的设计，有时甚至更多。毫无疑问，这就意味着你的设计方法一定是不一样的，而且必须更快。因此，这就使你必须快速地做出决定，而且还必须

凭你自己的直觉进行设计，这也是我认为很好的一面，而且还充满了乐趣。

**你的设计方法是呈线性构成的（基于一个设计获得另一个设计）还是带有一定的随机性？**

有时候我希望它更多地呈现出线性特征，那样也许会更容易一些。但是你同时也会失去遇见那些美好的"快乐的意外"的机会，当偶然性和不确定之事悄然而至时，优雅也显得黯然失色。

**本书强调从多个切入点进行设计（第一步/灵感）：文字法、叙述法、抽象法、二维图像法、二维平面裁剪法、三维立体解构法、三维立体建构法、思维导图法以及织物创新与新工艺。这其中，哪些可以最贴切地描述你的设计方法？**

我用到了上述所有的方法。

在我看来，这些不同的方法可以使你去探索更深层次的思考过程和概念，并检验它们是否有效。就我个人而言，我会从《纽约时报》（New York Times）中获取灵感——文章、时事报道或者往往只是图片本身。我更倾向于选用更社会化和更具有批判性的问题作为我的灵感来源。我自己也不明白为什么——这对我而言可能是一种补偿并使设计理念"更有深度"的方式吧。我画了无数的草图、制作三维模型、面料再造、三维立体效果的电脑设计、坯布和立体造型。有时，我会运用电脑以图表的方式探索某种设计，有时我也会使用传统意义上的"笔"进行设计。

**如果将你的设计方法浓缩成一句话，会是什么？**

有时候做一些你所厌恶的事情也是很重要的。

西基·艾姆（Siki Im）出生于德国科隆，后来转至英国并在牛津大学建筑学院学习建筑设计。当他在世界上诸多城市做过建筑师以后，他在纽约开启了时装设计的职业生涯，并且曾经成为卡尔·拉格菲尔德（Karl Lagerfeld）以及海尔穆特·朗（Helmut）的资深设计师。2009年9月，他在纽约第一次发布了他的个人系列，并且获得了享有盛名的美国时尚新秀奖（Ecco Domani award）2010年度最佳男装设计奖；2011年，他又获得了"三星设计&时尚基金（Samsung Design & Fashion Fund）"大奖。他的系列设计销往世界各地。现在，他在帕森斯新设计学院做兼职教师，教授高端的概念设计（Senior concept design）。

**当你在设计中碰壁时，你会如何向前推进？**

不要钻牛角尖，这一点是很重要；你必须让自己放慢速度，坐下来，放松一下，然后再看看情况。尽管放手是不容易的，但是它会让你正确地看待事物。或者，有时候你需要走开一下，事情本身会自行解决的。和你的同事和团队讨论和交流看法也是很重要的。

**你认为在设计中是否存在"对"、"错"之分？**

没有绝对对或错，但是作为一名设计师（与艺术家相比，如今似乎不是这样了），你不得不为了达到销售目标而使你的生意运转，只有这样你才能进行下一季的设计。因此，如果设计师的设计卖不出去，并不意味着这是错误的或者是错误的设计，这只能说明这样的设计不适合或者只是"不够好"。

**你对以下词语的重要性怎样理解，能否分享一下？**

调研：非常非常重要。这是你研究、学习和探索的阶段。

实验/设计拓展：创造"新的"事物——这是设计过程非常重要的部分，但这也是一种奢侈：时间与金钱。

方法：我认为，你设计的系列越多，你就会越来越了解你自己的设计方法。但是，正如我前面提到的那样，你需要不断更新，并且对那些美好的意外保持开放的心态。

视角/审美/品位：当这些想法与你自己的想法最贴近而且是最诚实的时候，是最容易实现的。你必须要相信这是一个自然而然的过程。

设计师的身份认同：身份认同也许是最重要的一个方面，因为作为一名设计师或者一个人，它能够带给人

们稳定和安全的感觉，同时作为一个品牌可以表达一种态度，这对消费者而言是有所帮助的。

自我反思：对于人类而言，自我反思是必不可少的；它使你对自己更加了解并且意识到你的内在感受，以及你对周围事物的感受——这意味着你是与时俱进和明察秋毫的。我认为，这对于创作而言是非常重要的。如今，市场需要更多的系列产品和更为快速的平台变化，媒体宣传铺天盖地，这就使得反思和考量变得很困难。

**对于那些试图建立个性特色和审美观的学生或者新晋设计师，你将给予怎样的建议？**

诚实和敏锐——从长远考虑，这可能是最容易做到的了。如果你试着非常努力地去做，而且拼尽全力，人们都会明白的。同时，还要对改变持开放的态度，并从中找到乐趣。

# 视角

## 伯乐，巴巴拉·弗朗金（Talent Scout, Barbara Franchin）ITS（国际人才扶持International Talent Support）机构的负责人

弗朗金（Franchin）是ITS（国际人才扶持，International Talent Support）机构的负责人及项目主管，同时，他还是意大利的里雅斯特（Trieste）依文（Eve）代理机构的主管。自2000年成立以来，她就一直负责该机构一年一度的赛事。ITS是一个旨在挖掘时装、配饰和摄影领域中具有创造力的年轻势力而举行的赛事。每年的七月，它都会在本部的里雅斯特举行。

狄塞尔（Diesel）的创始人伦佐·罗索（Renzo Russo）是该赛事最热衷的支持者，而且该赛事的评委包括许多设计师，例如，拉夫·西蒙（Raf Simons），希拉里·亚历山大（Hilary Alexander，英国《每日电讯报》的著名时装评论员。她的时尚评论文章观点独到且分析性强。），凯西·霍伦（Cathy Horyn，时尚评论人）和威可多与拉尔夫（Viktor & Rolf）。

弗朗金被公认为是年轻的时装设计师、配饰设计师和摄影师的最重要的伯乐之一，并且被意大利的*Elle*杂志评为时装界100强女性之一。

**当你观看一个新的系列时，包括ITS赛事中的设计系列，你在寻找什么？**

从根本上来看，我会寻找其中的创意火花。除了设计师要有非常强大的工艺技巧，我会寻找那些看不到的东西，那些因其与众不同、不同寻常而打动我的东西。我在寻找不墨守成规的事物，以及那些还未曾尝试过的事物……随着时间的流逝，我发现这好像变得越来越难了。

**您认为在年轻设计师发展的过程中什么因素最关键？你如何评价天赋？**

对于一名年轻的设计师来说，获取经验是非常重要的——也许是最重要的——在某品牌或某公司中工作学习，从而了解整个市场以及如何在当今的市场环境中生存下来。我常常听到年轻的设计师希望在完成学业以后，推出自己的品牌。我能理解他们，但是在大多数情况下，我认为这是最糟糕的选择:现在已经有太多品牌了，因此品牌要独自生存下来是非常艰难的。我看到许多年轻的设计师为了推出自己的品牌，不惜从不道德的资助者那里获取资金，并任由资助者剽窃他们的创意，然后再令他们一无所有。

至于如何评价天赋，这是很困难的……我曾经花了多年的时间进行作品集审阅和学生约见，并逐渐培养了一种可以识别天赋的"本能"。对于我来说，最主要的是要具备一种能力，可以发现那些使人梦想成真、真实可信的关键特点。

**你在一个具有强烈冲击力的作品集中想要寻找什么？你是否在寻找设计师的广度和深度，发现他们在推出这一个出色系列之外所表现出的设计能力？**

这个当然，能够推出一个系列设计，这仅仅是一个起点。

**你是如何评价这样的系列设计？**

当一名设计师能够从不同角度围绕着一个理念进行诠释，这就是我理解的广度和深度。

**你想要了解设计过程中的每一个环节吗？**

是的，我想要了解一个设计师如何从A到B，我需要了解这个过程；了解是怎样的过程把他/她可以带到那里。

**你认为，设计师的设计过程和途径是拓展视野、审美及设计师见解的关键因素吗？如果是，请详细阐述一下。**

当然是这样的！实际上，我认为一切都源于那里。我认为，设计师的设计见解和审美正是通过他/她的设计方法形成的。至少，我所感兴趣的设计师都是这样的。否则，他们的设计就只不过是市场上销售的产品而已。产品化的设计是没有深度的，没有缘由的，对于"如何从一个强烈的设计理念获得应有的结论"无从认识，没有植根于深刻的调研，就无法对其文化背景和周遭环境形成个人的观点。一个设计应该有其合乎情理的地方，完美的设计应该有其明确的理由，并且对于每一个人来说都是显而易见和通俗易懂的。

**你认为怎样的设计才算是"好"的设计或者成功的系列设计呢？**

　　我认为一个成功的设计，应该具有很强烈的个性，而且服装能够成为一个标签，让人一眼就能辨识出设计它的人。它可以是一件外套，一条牛仔裤，一件衬衫……它可以是任何东西，只要它能够清晰地表达出某种与众不同的感觉，而这种不同之处则源于设计者。

**商业可行性和创造力/想象力，哪一个更重要？还是说两者的结合？**

　　我认为，当商业可行性与创造力/想象力相结合时，可以获得最佳效果。本质上，我并不喜欢创造力。纯粹而狂放的创造力固然美丽，但是，在我看来，设计师的最大成就就是将他们的创造力转化为可以被人们购买和穿戴的东西。

**在你看来，新晋的年轻设计师中谁是最成功的？是什么令他们与众不同？**

　　在我看来，埃托尔·斯隆普（Aitor Throup）把时尚看作是目标驱动，这是十分具有革命性意义的。在他身上，我看到了对合理设计的完美表达。在他的作品中，我看到了一些我以前从未想见的东西。马克·法斯特（Mark Fast），因为从来没有人像他那样制作针织服装。迈克尔·范德汉（Michael Van der Ham），因为他能够将看似不协调的东西转化为完美和谐的作品。鞋类设计师乔·哈里（Chau Har Lee），因为她能制作出人们从未见过的鞋子。海基·萨洛宁（Heikki Salonen），因为他所塑造的女性形象……这些就是我优先想到的设计师。

**对于即将踏入当今全球化市场的、学习时装设计专业的毕业生们，你有什么建议呢？**

　　先不要推出自己的品牌！在推出你自己的设计之前，先寻找带薪的实习或就业的机会！增强自身的能力，并向市场学习！

# 第二部分

# 概念

Con

对普遍性的认识被称之为构想，而我们意识到的普遍性被称之为概念。

——伯特兰·罗素（Bertrand Russell）

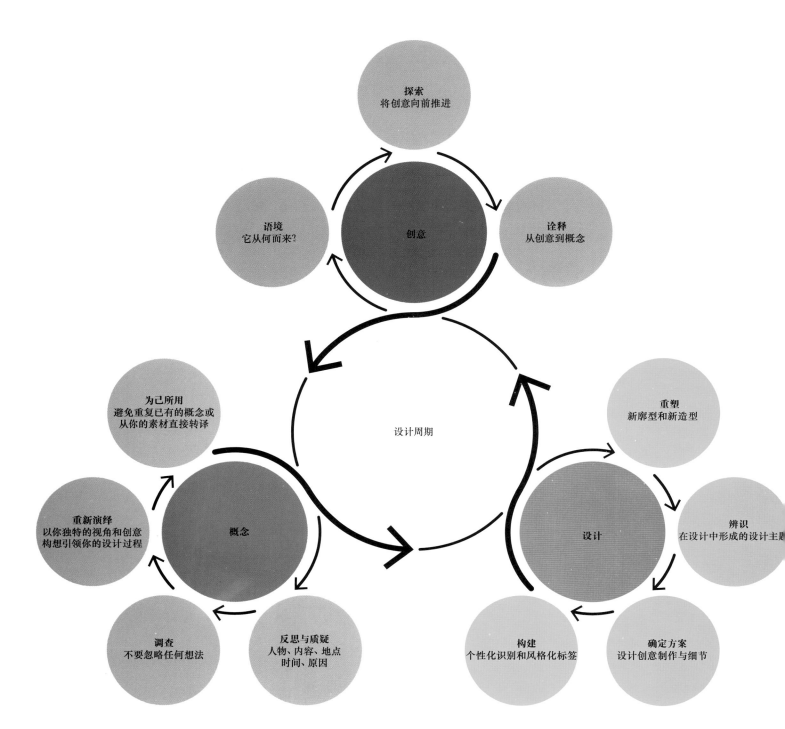

# 概念/过程

概念：
——头脑中形成的构想：思想与见解
——在特定的情况下获得的抽象或者广义的创意。

概念是指始于原创理念并被进一步拓展的主题。从采集的灵感素材中形成的特定方向性主题入手，再经过进一步深入调研形成最初的研究，设计师创意正是在这样的研究基础之上不断演进而来的。从某种意义上看，这个阶段是一个从混沌到有序的过程。这一过程完全出于本能并且是一个反复实验的过程，可以从不同角度对创意进行反复思考。因此，为了获得创新性的结果，设计师必须不拘泥于事物的表面。不要只停留在事物的表面。对每一个选择都必须竭尽全力。必须进行深入地挖掘。

围绕着这一阶段深入探究时，最好停一下，就目前为止的设计过程进行反思。作为一个关键的步骤，反思常常被设计师所忽视。他们只是为了做而做，因而在进入下一个阶段之前，他们没能反思哪些想法是有效的，哪些想法是无效的，更重要的是，为什么它们是有效或者无效的。

当然，服装设计本身就具有令人抓狂的特性，每一季的准备工作中，很少能留出时间让设计师进行反思。作为一名新晋的设计师，仍然在学习了解和拓展自己的设计方法，因此尽早建立自我反思的习惯是很重要的，并且应该让反思成为一种不可或缺的工作方法。通过反思，对自己所处的设计过程环节有所了解，这将有助于你明确自己的方向，从而产生更好的效果。

以怀疑的态度去看待每件事物。在整个过程中不断地思考"谁、是什么、在哪里、为什么"等一系列问题：谁是我的缪斯？什么样的理念才会产生最佳的效果？它们为什么会有效呢？我想通过这个概念表达什么呢？接下来，我应该去往哪里？

当卓越指日可待的时候，绝不能接受平庸。你与这两点之间的距离，将取决于你在这个中间环节中所付出的努力，以及你对每一个选择坚持不懈地调研，千方百计、不遗余力。

运用零废弃和可持续设计方法，
调查运动和舞蹈的相关性。

# 步骤过程

| | | |
|---|---|---|
| 头脑风暴/自由联想 | 织物/针织拓展 | 三维立体造型与结构 |
| 思维导图 | 零废弃平面纸样 | 设计 |
| 音乐/舞蹈 | 二维草图绘制 | 面料再造 |
| 视频 | 三维立体造型 | 零废弃剪裁 |
| 二维绘画 | 织物肌理设计 | 织物创新 |
| 摄影 | 自我修正 | 伦理道德 |
| 涂鸦 | 循环再利用 | 可持续设计实践 |
| 表面印花设计 | | |

詹妮尔·雅培的"对未来的希冀"

**85**

第一部分
**创意/实践**
~~0~~

第二部分
**概念/实践**
***H***

第三部分
**设计/实践**
~~148~~

# 实践：对未来的希冀
# （Hope for the Future）

## 詹妮尔·雅培（Janelle Abbott）

在本书第20～第25页，我们看到了詹妮尔利用舞蹈和音乐进行创作的过程，从而创作出试图捕捉运动状态下动作的立体造型。

如何做，做什么，从哪里开始，何时开始以及为什么？

在接下来的设计过程阶段中，詹妮尔不仅要着重于对针织技法的研发（构思并创作样本）和织物再造（手绘面料），而且还要拓展出一个色彩故事，而且考虑如何从前一阶段获得的草图中标出具有零废弃效果的设计。

我发现，我每周都会对至少一款设计十分痴迷。我一直研究某一特定的裙子……接下来的一周，它将会变为一件带有印染和绗缝处理的背心。

——詹妮尔·雅培

## 不要放弃任何想法!

在最初的阶段里,当詹妮尔在她的卧室听史蒂文斯(Sufjan Stevens)的这首歌时,25分钟的时间让她有机会沉浸在歌曲所营造的氛围中,并且被音乐中各种不同感觉的节拍所吸引。她用黑色和白色的丙烯颜料描绘出她对这首歌的下意识的感觉。虽然那幅画的画面杂乱无章,但是詹妮尔从中确定了四个特定的动作,从音乐入手,随后再进行分类和组合,直至最后集合成一本参考手册。

在这个特定的调研时期,詹妮尔参观了纽约美国国家设计博物馆中展出的索尼娅·德洛奈(Sonia Delaunay)展览。这个调研,与她自己所创造的四组笔触相结合,促使詹妮尔着手进行印染图案和面料处理的设计,包括具有异国情调的刺绣和绗缝,以及类似于日本歌舞伎和几何纹样的面孔,体现出对未来主义的致敬。

詹妮尔还继续尝试从廓型角度探索运动的效果。带着"捕捉运动状态下的动作"的想法,她开始拓展针织服装样衣,因为它们可以模拟服装的悬浮状态。

她一周内所要完成的作业是提出40个想法,所以她取用了40块小正方形棉布,以不同的方式进行缝制,试图用这样的方式捕捉到运动状态下的面料形态。这种单纯的创作方式以及工作进程,很容易地将詹妮尔的注意力进行转移,这对她完成她的作品非常有帮助:"有时候,我觉得我必须做一些与我手头的工作看似毫不相干的事情,其目的在于改进和修正我之前已经完成的作品。接下来的一个星期,我要回去向指导教师请教我的设计和织物中存在的问题。当你在'百忙之中'很难再获得新鲜的认识时,他们都会提供独到的见解,这也是为什么我认为,富有成效的停顿对我的实践来说是非常有必要的。"

1

**1**
**笔触的拓展**

詹妮尔根据她对音乐的反应确定了四种不同的笔触。在参观了索尼娅·德洛奈(Sonia Delaunay)的展览后,这些笔触被拓展成为更具有几何效果的符号并且被应用于刺绣和绗缝的实验中。

**2 / 3 / 4**
**动作的研究**

詹妮尔还对运动状态下的服装进行观察。她开始拓展针织服装样衣和缝制工艺,从而进一步深化拓展廓型与形态的创意。

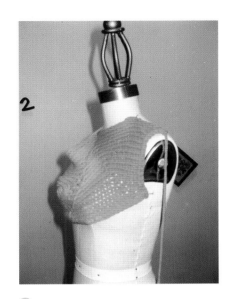
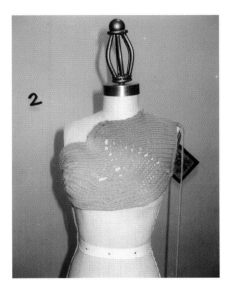
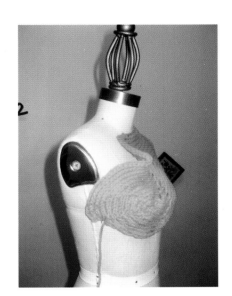

2

URBAN
AMISH
WEAR

3

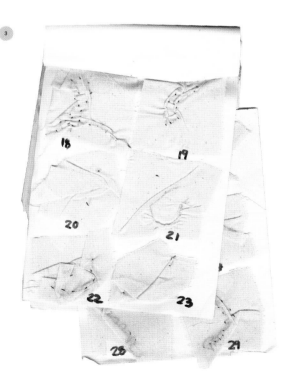

4

### 用独特视角和创意构想引领你的设计过程。

詹妮尔将运动概念渗透到她的整个设计过程中，但是当她把所有的东西融入她的作品时，她会使它们不露痕迹。

此时此刻，她的研究的本质鼓励詹妮尔采用更加"艺术化"的方法来进行"自我修正"，而不是"传统的设计"。

艺术化的方法是有条不紊的，这和设计师的技法一样。但是对于艺术家而言，精准度并不重要，而是更强调多产，要求积累尽可能多的作品。这正是"自我修正"的关键，你必须用这种方法做出"是"或"否"的判断，但是面对传统方法，这些判断彼此之间各不相干，但是都与你自己相关：你感觉需要坚持什么、放弃什么。艺术的视角关注艺术家的声音，充满了自我反思的意味，然而设计师的思维过程则很少能脱离作品及其自身的考虑而存在。

詹妮尔使用的是从学校垃圾箱里回收来的活页纸，她把这些用过的纸张装订在一起后再撕开，把油漆滴在上面，然后在上面胡写乱画。詹妮尔堆砌出来的作品没有什么神圣可言，作品本身的情绪无须精准："在某种意义上，以这种方式来创作作品，与其说是我发现了它们，倒不如说是它们发现了自己。我保持思路完全开放，与其说作品是我的创造力的成果，倒不如说是我的创造力成为作品的导入者。"

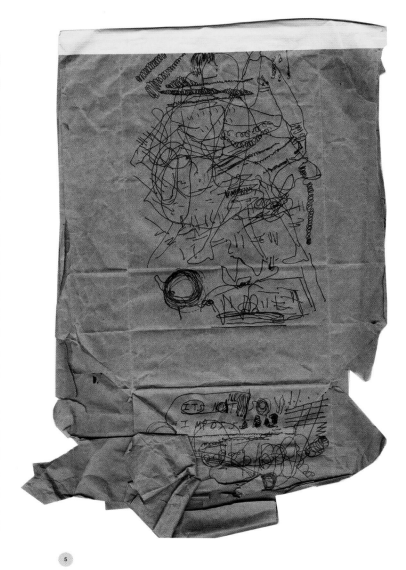

5

6

**5 / 6 / 7**

**堆褶研究**

　　詹妮尔利用在学校附近找到的材料，通过本能的"艺术化效果"进行研究。

**8**

**造型实验**

　　随着詹妮尔设计过程的不断发展，她可以借助于抽象的廓型和造型来表达她的运动的概念。

## 避免重复已有的概念或从你的原始素材直接转译

　　尽管詹妮尔是从自己舞蹈表演中所穿着的服装开始她的研究的，但是随着设计过程的发展，这些都看不到了，而是变形为想象出来的廓型和造型，这些廓型和造型可以使人联想起运动概念及"可以捕捉动态的服装"。通过这种方式，詹妮尔可以直接获取已有的形态并将它向前推进。在舞蹈、绘画和时尚相互关联的广义语境中，在"运动"的主题下，她自己的服装成为一种工具，一种可以引导她去观察服装的新途径。

　　通过对整个研究过程中积累的所有元素进行筛选，可以非常清晰地看到，已完成的设计主要参考了舞蹈表演中一系列连续的静态摄影以及受最初歌曲驱使创作的无意识的绘画。

　　值得注意的有趣的一点是，詹妮尔的研究过程初期呈现出随机性——某种程度上的乱中有序，但是，在最终分析中，它也同时反映出了一种线性方法。

请翻至第20页查看第一部分（创意），或者翻至第148页查看第三部分（设计）。

一个从服装设计到展示形式都可以体现出文化和社会发展进程的系列设计。

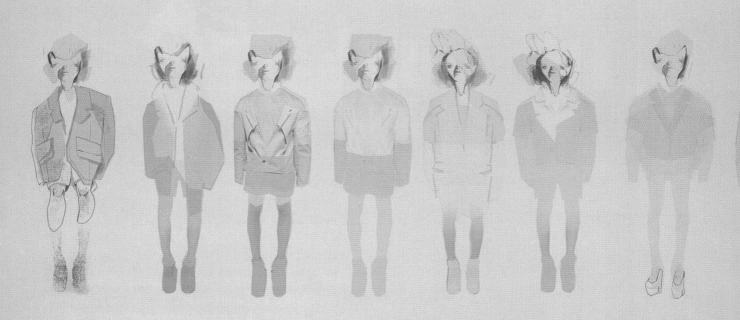

# 步骤过程

| | | |
|---|---|---|
| 观察研究 | 二维可视化设计 | 三维结构设计 |
| 叙述 | 流行文化参考 | 头脑风暴 |
| 数字化技术 | 三维解构设计 | 二维/三维可视化设计 |
| 头脑风暴 | 二维拼贴设计 | 以数字化方式绘制平 |
| 二维草图绘制 | 描述 | 面结构图 |
| 撰写日志 | 三维立体裁剪 | 二维平面修正 |
| 数字化拼贴 | 制作 | 展示 |
| 展示 | 二维平面纸样 | |

# 实践：虚拟挪用
# （Virtual Appropriation）

## 梅丽塔·鲍梅斯特（Melitta Baumeister）

在本书第26~第31页，我们看到了梅丽塔如何探索挪用艺术，并将挪用艺术在设计和展示中进行重新演绎。

如何做，做什么，从哪里开始，何时开始以及为什么？

在接下来的设计阶段中，梅丽塔通过创建 "副本"设计将挪用的概念向前推进（以某种方式从一个设计"复制"另一个设计）。她将这种方式视为保持款式拓展延续性的方式，将内部结构线和服装细节以复制或者"副本"衍生的方式进行设计。这使她将"复制"看作是一种获得理想样式或设计的方式。她还以成组的方式进行色彩设计，进一步探索这个概念。

在时尚体系中，这种"复制"方式已经被广泛认可。这种"自上而下"的效应，使时尚潮流从设计师那里流转到街头，从某种意义上，也维系了整个时尚行业本身。要想使一款设计成为"时尚流行"，它必须被大众市场广泛接受。梅丽塔对于时尚文化中已经存在的这种现象感到好奇，在这种情况中，这个现实使她在该项目中设计过程和方法的探索备受启发，使她可以从微观的层面借鉴这种宏观的功能。

梅丽塔的设计过程持续进行中，在拍摄进行的同时，她还在她的调研本中进行草图绘制。在这一设计过程中，二维可视化呈现与三维立体造型之间是有所区别的。在以三维立体方式组合部件进行创作的过程中，梅丽塔以各种不同的方式进行设计：她既在1/4大小的人台上以面料立体造型的方式来探索造型，她还对现有服装进行解构。她用拍照的方式记录下每个步骤。这些都对她进行三维结构和廓型的拓展有所帮助。

作为一名设计师，梅丽塔将她对社会和日常生活的观察反映出来，并将这些概念运用到她的系列设计中，这些与她的设计工作密切相关。通过对大多数人每天所应对的虚拟世界的观察，以及在现实世界中对其影响所做的回应梅丽塔意识到这种表相或者有形表相的缺失，并对这些思想进行总结，以文字方式进行描述，使她的系列设计向前推进。她对社会习俗进行大胆解构。第一部分的"复制/粘贴"功能中所展示出来的创意，或者说，对模拟物坚信不疑的概念，已经被她演绎到服装中了。

**1 / 2 / 3 / 4**
**手绘本作品**

在手绘本中，梅丽塔通过绘画和摄影对她的设计主题进行拓展。她进行了"副本"的实验，在设计中彼此复制，延续了挪用的主题。

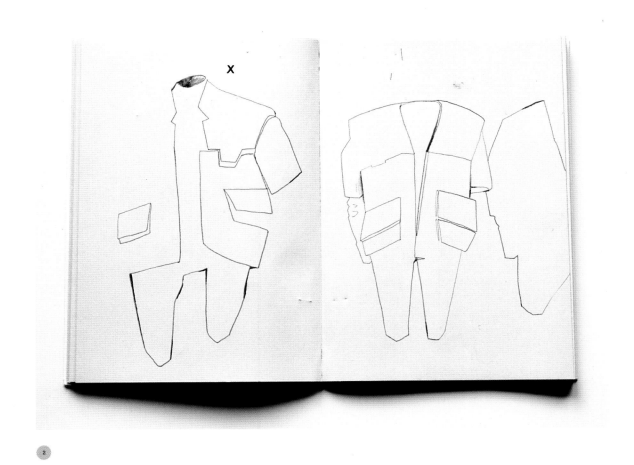

2

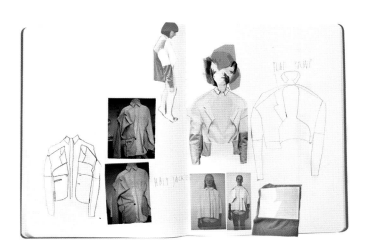

3

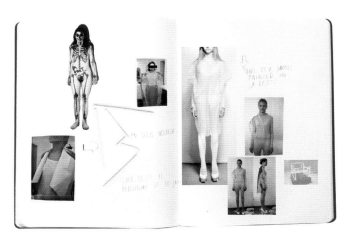

4

## 不要放弃任何想法！

梅丽塔利用已有的二手服装创作了一系列三维立体的样衣。例如，她将男式西服套装分解，然后只选用她所需要的部分，例如翻领或肩袖部分。这是解构的另一种形式，与在计算机上采用外来素材进行设计相类似。

梅丽塔开始着手围绕着最初的概念在细节和诠释方面下功夫，通过印花拓展和拼接的细节设计，她将诸如平面性和分解设计的虚拟美感转化为时尚设计理念。随后，她将前期以数字化方式获得的设计呈现出来，放在人台上探索服装的线条、比例和围度关系，并且想象其三维立体的效果。她运用数字化技术将二维平面图像转化成三维立体的现实。

梅丽塔基于以下关键词对她的设计概念进行界定：

虚拟美学：先前款式的平面性（例如，二手服装），通过在服装表面的印制或缝缉出并非真实存在的款式和造型，进行虚拟转化，以表达虚拟世界。

分解：空白的或被分解的造型（例如，梅丽塔运用了从解构服装中获得的裁片）在新的设计中代表了拼接线。

复制/粘贴：相同创意的再次运用（例如，通过重复那些线条来描绘那些已有的造型）。

现成的：作为设计的基础（对现有的材料或现有服装进行复制）。

从这些手法中她拓展出自己的细节：表面肌理、面料再造和后整理。

最后，梅丽塔从她的情绪板转化色彩。随后，围绕着系列设计，这些色彩被拓展成为四组主要的色系，以数字化的色彩比例呈现；从温暖浅棕色到白色、到灰色、再到深棕色。围绕着系列设计，每组色彩的变化都是从一组变到另一组。

## 用独特视角和创意构想引领你的设计过程。

在她的设计项目实施过程中，梅丽塔已经注意到当地有许多闲置的店铺。她被这些闲置空间所吸引，决定使用一个闲置店铺来展示她的系列设计，并从计算机屏幕上转移到真实的生活中来。在梅丽塔的印象中，有一个特别的店铺橱窗，已经有一年多，都是闲置的。她带着她的想法联系了房东，房东说很乐意免费为她提供这个空间。

这不仅为梅丽塔的系列设计本身提供了空间，而且还为她的作品展示提供了机会。从概念化表达的角度来看，这对她非常重要。这个免费空间为她提供了合作的机会，并可以使她对她的概念进行深入思考。它提供了许多机会，使她思考，作为一名设计师她应该如何向世界表达自己。她称这一过程为 "空间挪用"（将公共空间挪为己用的行为）："人们在这里不期而遇；例如，通过在建筑物墙上进行投射，使用者可以在那个时间段内拥有它并将自己的形象投射在上面。"

在梅丽塔的案例中，接手一家闲置店铺来展示作品的做法，正是她对她自己转换空间、挪为己用概念的诠释，而店铺已不是原来的样子。闲置的店铺橱窗已不再是空的，因此而改变："通过改变店铺的橱窗而改变了整条街，也改变了人们对它的看法"。

5
**细节拓展**
梅丽塔可以根据细节图片运用面料、色彩和后处理的手法来进行实验。

## 避免重复已有的概念或从你的原始素材直接转译

　　在梅丽塔的案例中，她的全部概念都是在解构现有概念并转化为自己的方式的基础上建立起来的。通过再次挪用造型、廓型、细节、实体空间和虚拟空间，她迫使我们重新思考真实与虚拟世界的空间距离。她的原始造型来源于男装，但之后又重构到女装中。梅丽塔将这些用数码技术拓展而来的解构图像，表现到了她的人体模板上，以创造出挪为己用的、重构的三维立体形态。

　　梅丽塔以原始方式的工作，运用传统意义上的三维立体方式(立体造型)和二维平面方式(平面纸样设计)，并将它们以数码形式组合起来，进而创造出新的廓型。她利用这些技术，借助于各种不同的手法，在她的概念的语境中对廓型和造型进行重新构思。这一阶段的最终成果是，她运用数码技术进行设计并得以实现的能力。

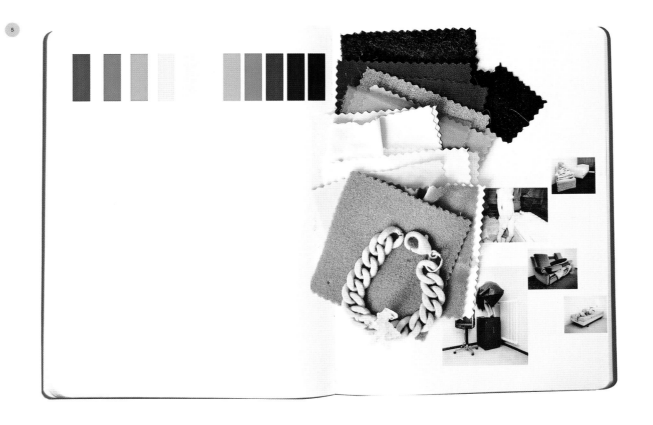

5

请翻至第26页查看本项目的第一部分（创意），或者翻至第154页查看本项目的第三部分（设计）。

基于对皮下组织的调研进行织物创新。

# 步骤过程

| | | |
|---|---|---|
| 二维可视化 | 二维可视化 | 自我反思 |
| 叙述 | 三维立体造型 | 织物创新 |
| 织物探索 | 二维平面纸样 | 三维立体造型 |
| 手工艺 | 印染工艺 | 可持续设计实践 |
| 刺绣 | 织物肌理设计 | 工艺 |
| 针织 | | 合作 |
| 数字化技术 | | 手工艺 |
| | | 时尚大片 |

# 实践：神经幻象 （Neurovision）

## 约瓦纳·米拉拜尔（Jovana Mirabile）

在本书第32～第37页，我们看到了约瓦纳如何研究大量与人体扫描相关的技法以及印染手法，并生成了许多印花图案设计。

如何做，做什么，从哪里开始，何时开始以及为什么？

在这里，约瓦纳在消费者与环境的语境中诠释了这些问题。尽管最初的创意是很清晰的，但是如何进行转译以及如何在系列设计中体现却并不明确。为了确定设计方向，通过收集各种各样的、可以确定客户生活方式（室内设计、照明、色彩及时尚大片）的图片资料对缪斯概念进行探究。通过探索"她"可能是谁、"她"会穿什么和"她"会在哪里穿着等，一个更为清晰明确的理想人物形象就会以魅力四射、不可捉摸的形象浮现出来。一组源于印花图案的饱和的、霓虹般的色系决定了缪斯和后续系列设计的大胆个性。

设计应该是一个充满了视觉刺激、睿智诠释、二维平面表达和三维立体实现的、循环往复的实践活动。

——约瓦纳·米拉拜尔（Jovana Mirabile）

## 不要放弃任何想法!

非常重要的是，对每一个选择不遗余力地探索并尽可能地将创意向前推进。在这个特殊的过程中，约瓦纳采用了各种办法：在人台上用纸进行三维立体造型设计、零废弃纸样设计、拍摄、二维草图绘制，然后再回到三维立体造型设计。在这些方法之间的反复试验，约瓦纳从新的视角看待设计过程，而且从众多优势来看，一个创意就足以获得动力。

在三维立体造型的过程中，呈现出一个三重的线性架构：在人台上进行造型设计，拍摄造型设计，然后再在照片基础上进行描摹、创造出新创意。在手绘本上，廓型被赋予了更多的细节。在设计过程的这一点上，每个新设计都是在相互影响下对先前设计进行修正的结果，提取了关键的设计要素。零废弃纸样裁剪技术为三维立体拓展提供明智的选择，其做法是通过使用90cm（1码）的面料、以非剪裁的方式在人台上进行造型探索。为了能够突显人体的整体性，约瓦纳取消了侧缝。这种方式可以通过斜裁进行造型设计，在人台上可以自然而然地体现出斜裁的立体造型效果。

在三维立体造型设计阶段之后，约瓦纳开始以二维方式拓展关键的细节设计，将单个设计以从头到脚完整搭配的样式进行成对组合。在二维草图绘制阶段，应该关注印花、色彩、针织和刺绣的混合搭配，并思考如何在服装中表现出隐匿于皮肤之下的人体的概念，这将会带来可正反两面穿着的创意。

**1 / 2 / 3**
**探索情绪、色彩和缪斯**

约瓦纳运用缪斯的观念将她的创意向前推进。通过思考——她可能是谁，可以获得一个更加清晰明确的理想人物形象。

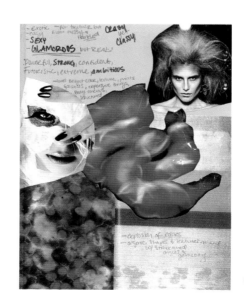

4/5/6/7
**三维立体造型设计、拍摄和草图绘制**
　　约瓦纳在二维与三维之间不断转换以进行平面纸样制作、拍摄和造型设计。这使她可以不断玩味印花、色彩、针织、刺绣和零废弃手法的创意。

### 用独特视角和创意构想引领你的设计过程。

　　工艺技术的概念是设计过程初始阶段就出现的一个潜在的主题。与此相关联的，是设计师不断增强的个人愿望——如果可能的话，在设计过程中利用可持续的设计手法进行设计。由于有赞助的支持，最后有四个由AirDye®（无水印花技术）设计的印花图案被选中，这种技术可以为印花工艺提供一种具有生态环保可行性的解决方案。这是一个很好的合作范例。这些赞助机会为约瓦纳提供了她个人根本无法达成的工作方式。利用这项新技术，织物中霓虹般的饱和色彩变得鲜活起来，由于这种AirDye®技术是双面印制的，因此不再需要里布，可正反两面穿着和最少限度浪费的潜在可能性被进一步强化。

8

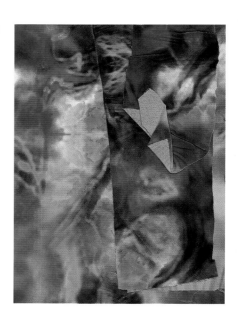

11

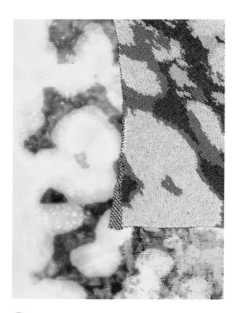

9

10

**8 / 9 / 10 / 11**
**印花和表面处理工艺**
　　从印花工艺角度来看，新技术为约瓦纳提供了一种具有生态环保可行性的解决方案。

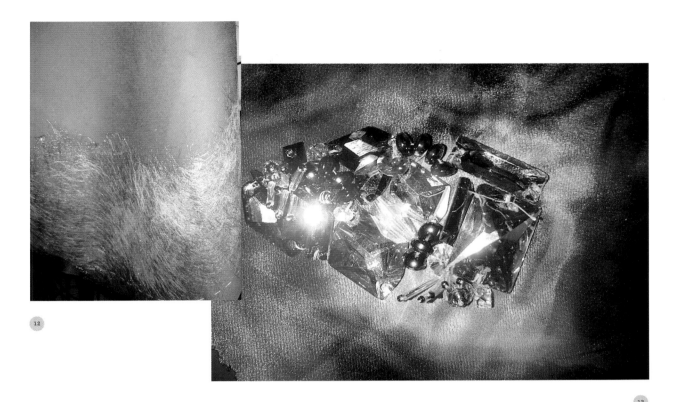

12

13

## 避免重复已有的概念或者从你的原始素材直接转译。

　　在最后的概念拓展阶段，需要用具有霓虹色彩的不同种纱线做更多试验，采用易熔的安吉利娜纤维®（Angelina® Fibres），这种纤维经过热处理会出现黏合，从而产生彩虹般的色彩。样品是通过将纤维黏合到毡化的羊毛和针织上，并采用针刺毡化手法进行黏合，最终形成了一种色彩混合渐变的安吉利娜纤维®（Angelina® Fibres）。因为这个系列设计中引入了肌理设计，所以，其中一种印花图案被转化成为针织提花。三维立体设计是这一阶段拓展的关键所在，所以此时不需要做出任何设计决策。

　　在织物拓展的阶段，随着微妙的纤维技术被赋予更加细致入微的印染转化，以及各种不同的手工和机器的针织，最初的创意已经超越了对细胞概念字面意义上的诠释。在这一阶段，很关键的一点是，要推迟到三维立体造型设计阶段才能确定设计方案，因为这会为后续的试验提供足够的空间。

14

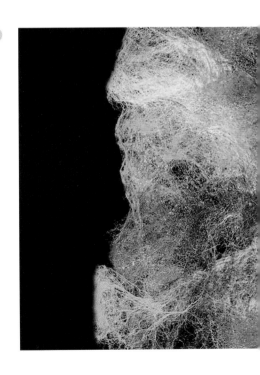

12 / 13 / 14
纱线实验

　　通过对纤维进行毡缩、熔合、粘连并加以润色处理，更加微妙地诠释了细胞的鲜活画面。

请翻至第32页查看本项目的第一部分（创意），或者翻至第160页查看该项目的第三部分（设计）。

## 重塑传统手工艺，创造新的织物和服装

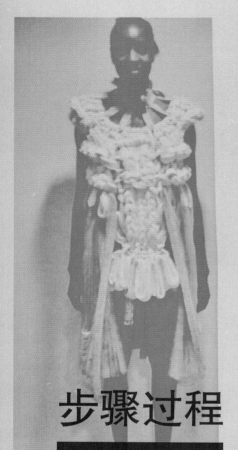

# 步骤过程

| | | |
| --- | --- | --- |
| 调研 | 织物拓展 | "针织"织物拓展 |
| 二维可视化 | 数字化技术 | 具体化 |
| 面料再造 | 三维拓展 | 三维立体造型 |
| 手工艺技法 | 手工艺技法 | 拍照 |
| 具体化 | 三维人模 | 时尚大片导向 |
| 三维数字化立体造型 | 二维可视化 | 二维可视化表述 |
| 平面结构图 | 具体化 | 拍摄短片 |
| 三维立体造型 | 织物创新 | |
| | 三维织物/立体造型 | |

# 实践: 针织与褶裥
# （Knitting and Pleating）

杰·李（Jie Li）

在本书第38～第43页，我们看到了杰·李如何用织物褶带在人台上进行设计，并通过针织与褶裥进行造型与肌理的实验。

初始阶段，杰·李通过研究、材料选择以及在人台上进行三维立体造型设计对手工技艺进行调研，接下来，她需要对哪些因素有效、哪些因素无效做出判断。通过对各种不同的形态和褶裥工艺的试验，她决定风琴褶的设计效果最佳。

借助于Adobe Photoshop软件中的镜像技术来完成针织的重复性设计，这种做法促使她对实际的服装造型本身进行更进一步重新塑造。她很想知道，如果她将一块很长的织物打褶，那么下摆将会出现什么效果。她将这一创意迅速画出来，然后开始尝试用手进行打褶。由于这种织物体量过大，褶裥的处理显得十分困难，因此，杰·李找到了可以为她加工褶裥的一家本地工厂，并将织物拿去进行褶裥处理。

杰·李在三维立体拓展阶段进一步向前推进，与菠萝褶、风琴褶及侧缝抽褶相组合，她还采用了钩针编织技法继续拓展她自己的手工技艺。这三种形式的褶裥组合在一起可以提供多种肌理和比例的变化，然而最初手工技艺的创意似乎绕了一圈又回到了原地，因为现在的设计过程中包含了以新的手法获得的机器编织和手工编织的织物："我可以很清楚地分辨得清楚，在历史上如何实现这一技法，而我又是如何实现的。对我而言，当我进行这样一个与手工艺、技法和制作相关的系列设计时，得到的挑战是要从最基础的要素着手。我通过褶裥处理和编织来创作服装，但是是以一种新的方式，是经过实践、最终在现代设计语境中重新创造出来的一种新的方式，通过编织和褶裥的手工艺来构建服装的廓型。"

对杰·李而言，设计是在对织物进行调研的过程中出现的，而且是围绕她所创造的、记录"编织"的过程、针法和图案的工艺图获得的。这个过程是从三维立体的人台开始的，然后在Adobe Photoshop软件中转化成为二维可视化效果。以这种方式，杰·李能够看到实际的服装和设计,以及与之对应的想象中的效果。

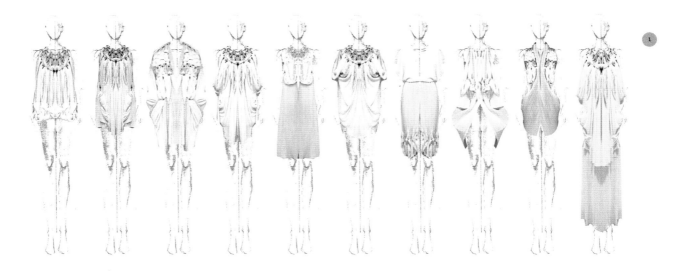

①

## 不要放弃任何想法!

最终，杰·李决定使用风琴褶，并拜访了一些专业制作褶裥的公司。他们可以做出不同尺寸的褶裥，所以，她需要做一些织物测试。在这一阶段，杰·李坚持不懈地对大量织物进行了测试，并发现丝绸和棉织物更容易实现风琴褶。她制作了不同宽度的褶裥：7.62cm（3英寸）、5.08cm（2英寸）和2.54cm（1英寸）宽，长度为91.44cm（1.5码），有大约五六个褶裥（与她第一次的实验非常相似）。这些都是她用于"编织"的"纱线"。然后，杰·李将它们连接在一起，形成了一条非常长的带子，并将这些带子盘成圆球状。她还将不同类别的织物褶裥混合在一起，创造出一种原始的、多种肌理效果的"纱线"。其中包括三种丝绸褶裥和三种棉织物褶裥，然后将它们结合在一起。杰·李喜欢使用同一种织物表达厚重褶裥支撑柔软褶裥的效果。

## 用独特视角和创意构想引领你的设计过程。

在人台上完成设计之后，杰·李开始编织完整的衣片，将各种不同的工艺技法混合在一起，与她所了解的知识结合起来创造出新的编织织物。她以自己独特的视角和创意构想引领她的设计过程，制作足够大的样布从颈部到腰部覆盖整个躯干部位。最终，她用"纱线"将这些样布连接在一起。这种服装是没有纸样的，它全部是由手工"编织"和褶裥织物创作而成的。

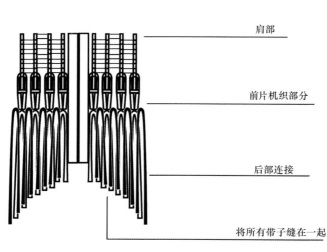

肩部

前片机织部分

后部连接

将所有带子缝在一起

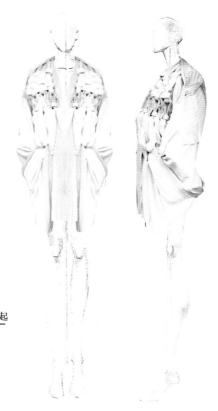

②

**1 / 2 / 3**
**Adobe Photoshop设计软件和二维平面**
**可视化设计**

在以手工方式进行设计试验之前，杰·李利用绘制的草图和Adobe Photoshop软件创作不同的服装造型。

褶裥工艺技法

杰·李测试了各种不同的褶裥工艺技法，进一步拓展她的创意。

**4**
**褶裥工艺技法**
　　杰·李测试了各种不同的褶裥工艺技法，进一步拓展她的创意。

5 / 6 / 7 / 8

**在人台上进行手工编织**

每一件服装都是在人台上单独立体造型或者"编织"而成的。

## 避免重复已有的概念或者从你的原始素材直接转译。

当杰·李运用现有的技法时，为传统技法赋予一种可以延伸出廓型的创新形式，并将传统技艺向前推进。工艺很复杂，但它却是服装自身设计的基础。每一件服装都是在人台上进行立体造型或者织物"编织"拓展而来的。

当杰·李对该项目进行调研时，她非常关注三宅一生（Issey Miyake）偶像般的影响力，以及他系列设计中极具有标签意义的褶裥设计。她致力于以多种不同的方式来运用褶裥。通过将不同织物及"编织"技法相结合，她创造出她自己的褶裥形式，杰·李成功地实现了自己的设计目标。

5

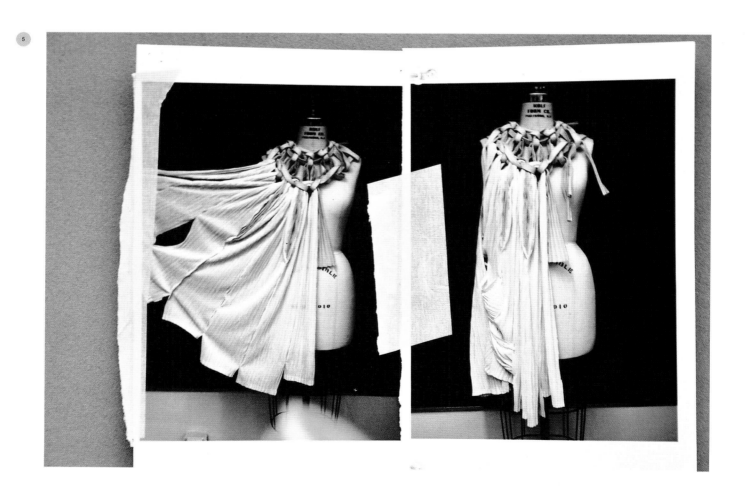

6

7

8

请翻至第38页查看该项目的第一部分（创意），或翻至第166页看该项目的第三部分（设计）。

以持久性和适应性为设计初衷
的功能性单品设计。

# 步骤过程

| | | |
|---|---|---|
| 视频 | 解决问题 | 自我反思 |
| 二维草图绘制 | 平面结构图的绘制 | 日志 |
| 头脑风暴法 | 视觉营销 | 最后修正 |
| 列出清单 | "单品"设计 | 二维造型 |
| 日志 | 设计修正和研究 | 针织服装拓展 |
| 织物拓展 | 织物拓展 | 平面草图绘制 |
| 色彩 | 日志 | 制作 |
| 廓型 | 故事 | 最终的二维展示 |
| 定制 | | |

# 实践：成长与衰落 （Growth and Decay）

## 安德莉亚·查奥（Andrea Tsao）

在本书第44～第49页中，我们看到安德莉亚如何通过对服装持久性及个性化概念的调研获得灵感启发。

如何做，做什么，从哪里开始，何时开始以及为什么？

作为创意阶段的延伸，安德莉亚想要挑战如何进行一个系列的创作，　　　既可以反映出雕塑家安迪·高兹沃斯的作品，同时又拥有她自己的想法。她的创作理念是可以根据人体体型的波动变化而自由调节，从服装磨损的角度考虑也是很好的出发点，但是，在现实的设计语境中，如何可以不露痕迹、毫不做作地体现出这一点来，是一个很困难的问题。"通常，从一个深奥的抽象理念转向一个设计概念，这种桥梁是最难搭建的。服装就是服装，但是就每一特殊的细节而言，还必须存在某种前因后果（这也正是我远离那些做作设计的原因）。"

为了将她的思想聚焦于服装的持久性，并以此为核心进行系列设计，安德莉亚认为强化每一件服装的特殊细节和设计元素是很重要的。不用传统绘制草图的方式（在人体模板上从头到脚画出完整的样式），安德莉亚决定先绘制可以展示出服装正视、背视和侧视效果的平面结构图入手，对每一件服装进行单独的设计，而不是把它们放在一起呈现出整体风貌。这种设计方法表明，该系列将会更倾向于以单品为先导，因此，更具有灵活性，与安德莉亚试图创造的美感保持一致性。

对安德莉亚而言，该系列中每一款的样式本身都不是问题，重点在于如何将每一件单品连贯起来，这可以通过很多种理由来实现。高兹沃斯常常会充分利用他的工作环境和就地取材获取工具。他必须以一种深思熟虑的、看似精心但又是自然而然的方式将它们重新排列。以单品为先导的系列设计会更强化服装持久性的概念。作为消费者，我们总会炫耀那些物超所值的单品，最主要的决定因素是人们对一件服装所预期的生命周期。如果不考虑你的体型变化、流行趋势的改变或者服装的磨损，一件服装能一直赢得你的喜爱，这样的物超所值不是更好吗？我真的想创造出一个可以体现这种物超所值概念的、与众不同的单品系列。

## 不要放弃任何想法!

在这一阶段,安德莉亚还想让自己一直沉浸在高兹沃斯的世界中。她收集了许多能让她联想起高兹沃斯作品的、富有质感的面料小样,并挑选出精美的装饰物——即使在当时看来并不是没有太多联系——将它们粘贴在手绘本中以备参考。

安德莉亚的目的在于捕捉那些瞬间的变化,通过抽带的运用来研究服装廓型变化的可能性。她想要从图形的、情绪的、天然的以及脆弱性的角度,创作出具有引人注目的草图,从而表达出她对高兹沃斯作品的感受。在不同的服装中,她运用了大地色调和无以复加的叠加手法,将高兹沃斯作品中自然界的单调色彩与她在人体上使用的单调色彩进行了对比。高兹沃斯试图通过一层层元素的叠加来创作雕塑和艺术品,安德莉亚的方法与此基本一致。安德莉亚借鉴了他构建艺术品的方法,并运用到自己的设计之中,她试图通过抽带的抽拉效果塑造出全新的、理想的面料再造效果。

**1 / 2 / 3**

**灵感与参照**

贯穿整个过程,安德莉亚自始至终都将高兹沃斯铭记在心。她收集了许多不同质地的面料小样,这些面料小样能让她联想起高兹沃斯的作品,并使她创造出可以体现她对高兹沃斯艺术感悟的生动造型。

## 用独特视角和创意构想引领你的设计过程。

安德莉亚很有自知之明,很了解自身的设计偏好。她喜欢富有质感的面料、充满生气的色彩、印花及装饰物,以及抽带和珠绣、刺绣等装饰手法的运用。她的经典做法是在服装上层层叠加,来创造出一种风貌。简而言之,她不是一个极简主义者。她作为设计师的优势在于单品(尤其是短外套)、配饰和裤装(这通常是每一个学习设计的学生的痛苦之源)。安德莉亚认为,每一件具有精美细节的裤装都可以找到一件完美的毛衫与之相配。她将这些铭记于心并提醒自己不要去重复。她意识到这个系列不需要太多明亮的色彩,珠绣和刺绣也可以无关紧要。在设计过程的初期阶段,为她带来设计创意的最初灵感和元素都是基础,她意识到这是一个真真切切的、不受约束的系列设计,她先前所想的额外的设计细节在这种情况下都显得格格不入。她最终做出选择,可以通过橘色、琥珀色和绿色来体现出春夏系列的感觉。

这些抉择非常关键。同时,安德莉亚承认,尽管她拥有一名设计师所具备的想象力,但是她仍需听从这种特定灵感的细节元素对她的引领,包括廓型、细节、后整理手法、色系和季节选择等每一个层面。

## 避免对现有概念重复运用，或从你的原始素材的直接转化。

从一开始，安德莉亚就打算不再重复她自己的经典做法，以此作为灵感来源并将她带入了一个新方向，既有概念化设计的特点，又与她所遵从的设计美学和廓型的语境相一致。

"到目前为止，我一直未能真正提取灵感元素，也未能很好地将这些原创理念背后的精美细节应用于我的作品，但是却可以拓展出一个全新的概念。毫无疑问，该课题是与安迪·高兹沃斯相关的，但是，事实上该课题与服装的持久性相关联，并对这一概念提出了质疑。我的系列设计自然而然地捕捉到他作品中的某种秋天般温暖感觉，同时保留了他的雕塑中美丽而脆弱的情绪，系列本身自成一体，表达出了它自己的情绪。正是这一概念本身令我深入探索，并最终实现这一目标。

我认为，当许多学生开始进行时，总是会围绕着形象化的、真实可见的灵感展开。对我而言，该系列是一个转折点，表明我在以一个学生的身份开启设计之旅。我并非先找到喜欢的图片，然后效仿其中的细节。相反，这个过程与虚无缥缈的概念有关，它会在我的大脑中被一点点勾勒出来，随之跃然纸上。从那时起，这种做法一直影响着我的工作方法，每次我都会采用相似的方式拓展新课题。一直以来，我的灵感探究都是围绕着一些难以捉摸的概念展开的，这些概念充满了智慧、科学严谨且被我认定为是美好的。对我而言，当我了解了一个雕塑背后的创作背景及其所诠释的内涵之后，它就会在我眼里变得更美。该课题鼓励我用不同的方法来研究，从思维过程、社会现象、文学文本以及历史参考中不断获取灵感。"

4 / 5 / 6
单款拓展

安德莉亚发现她更喜欢以单款的形式来拓展她的系列设计

从一个过程观的角度来看，这是安德莉亚第一次使用限定的材料，是她自己通过染料和色彩创作出来的。她再次参考了高兹沃斯的方法——他花费大量时间努力让一片叶子与另一片叶子相互支撑，而只使用手边现有的材料。所以安德莉亚也将确保她自己研发的色系与面料始终保持一致。

此时此刻，安德莉亚很明确她在这一过程想要什么。她的想象力变得越来越清晰，她写进笔记本中的内容就越多。从开始到结束，她记录下了部分她认为最重要的词语，要点如下：

增长/保持/衰退

自然变化：不可预测性和波动性，未经雕琢的原材料，脆弱而微妙以及限定的手段将各部件造型组合成为一体，保持平衡，并顺其自然。

定制：穿着者可以获取这些未经雕琢的原材料，并根据他们的自然体态以及这些材料生命周期的损耗程度来对进行处理。

纤弱却充满力量的形象；引人注目且极具体量感的廓型，但也具有纤弱的特质。例如，廓型感虽然很强烈且引人注目，但是服装抽带的宽窄只有1/4英寸，看上去似乎只能勉勉强强地将裙子抽缩起来。同样地，通过抽缩可以为服装带来一定的空间，同时，也具有轻盈之感。

这些词语记录了安德莉亚设计过程的起点与终点，也为这段设计旅程提供了清晰的思路。

　　安德莉亚对她的顾客及其审美非常有把握。一个充满男孩气的运动系列的浮现，使她确信，哪怕是那些具有女性化品位的顾客也会对这样的系列充满渴望。服装可以很精致——不是通过装饰，而是通过微小的细节来体现。例如，褶裥、抽带和开口处的松紧带（性感同时兼具运动感）。从这个观点出发，她调研了更多具有街头风貌的图片以获得启发。

　　"我画得越多，就越来越明白我的客户是谁。"她很务实、很年轻，并喜欢通过服饰来表达自我。该系列关注的是个性化定制，耐穿且舒适，充满女人味，但又不失帅气俏皮、积极进取的态度。可以穿这些服装上街，也可以轻易丢弃，但是它们看上去始终精美。

　　显然，设计师在企业中进行设计时，脑海中总有一个特定的客户形象，当你在学校读书时，这在某种程度上对你是有所帮助的。但是，对于那些试图寻找自我审美取向的新晋设计师而言则会有所限制，如果他们关注了后者（自我的审美取向），那么他的客户就会跟随这种倾向。在安德莉亚的案例中，这一点（关注自我的审美取向）是她工作方式的固有部分，并对设计过程有所启发。对她来说，这是她的思维过程的核心，可以指导她更好地理解系列设计的拓展。

请翻至第44页查看这一课题的第一部分（创意），或翻至第172页查看第三部分（设计）。

借助于针织工艺的创新将平面
图形转化为三维立体的廓型

# Process 设计过程

| 第一阶段 | 第二阶段 | 第三阶段 |
| --- | --- | --- |
| 二维/三维可视化呈现 | 风格特色（Idiom） | 二维/三维修正 |
| 拍摄 | 二维修正 | 三维草图绘制 |
| 三维重构 | 三维立体造型 | 三维针织/织物创新 |
| 三维立体裁剪 | 二维草图绘制 | 三维立体裁剪 |
| 三维立体造型/形态 | 针织/织物拓展 | 三维建构 |
| | 二维可视化呈现 | 色彩/面料 |
| | 拍摄 | 针织工艺拓展 |
| | 数字化技术 | 时尚大片的拍摄 |
| | 针织创新 | |

第一部分
划意/实践

第二部分
概念/实践
**H**

第三部分
设计/实践
178

# 实践：错视
# （Trompe L' Oeil）

## 萨拉·博-约尔根森(Sara Bro-jorgensen)

在本书第50～第55页，我们可以看到萨拉如何运用抽象摄影来试验多层面料与新造型。

如何做，做什么，从哪里开始，何时开始以及为什么？

在这一阶段，萨拉开始将抽象照片转化为设计语言。她极具风格化的表达方式初现端倪，她将二维图形转变成为一个连贯的三维系列，并反映出原始图像的风格与情绪。

她将图形分为以下几组：造型、肌理、氛围和图案。对萨拉来说，这是一个非常棘手的阶段：同一时间内，她要兼顾整个系列的各个方面，当她不知何去何从时，她会根据自己的想法随意涂抹。这意味着她不得不经常回顾整个进程，整理样品和图稿，并将一部分素材暂时搁置一边或留备其他项目之用。这是一个需要遵循的极其重要的实践经验。通常，很难将先前另一个系列中所废弃的想法再次利用，但是，稍后再回来看它时，也许可以找到重新利用的新视角。

对于大多数设计师而言，修正是一个极具挑战的任务：他们会非常重视具体的设计细节。学生在设计拓展的初期阶段，常会做出错误的选择。他们要么把所有喜欢的想法全都堆砌在一件服装上，要么就是将重要部件按照原来既定的方式组合，而不是以新的构成方式组合。想要培养一种设计的直觉，需要把握微妙的平衡点，简单来说，就是明白一个系列中哪些因素发挥了作用而哪些因素没有。培养这种直觉需要花费一定的时间，学会从错误中学习，并且需要反复试验！

萨拉在同一时间内不断尝试多种方法去工作：三维立体造型、二维草图绘制以及针织拓展。她着手开发了一些针织面料小样，并将它们运用于三维立体造型中。这为她带来灵感，即如何利用针织工艺来实现造型的塑造。随后，她画出草图以寻求获得最佳的比例。通过这种方式，她游刃有余地利用各种不同的手法，不断修正设计，直到她获得满意的效果。

萨拉从她所找到的图形图片开始描摹一些造型，随后，这些就成为大比例针织提花图案和成衣款式的构成元素。最初，她简单地描摹图案的线条，进而改变其大小和比例：一些线条变粗，一些线条变细。她将图像镜像翻转，使它成为可以在人体上使用的图案。这一做法是有章可循的、系统的，而且很有条理：从根本上来看，萨拉运用了这些图片，并将其进行提炼，直至达到她所期望的视觉效果。

**Pattern development**

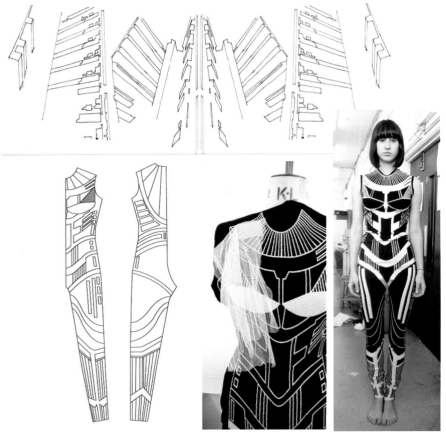

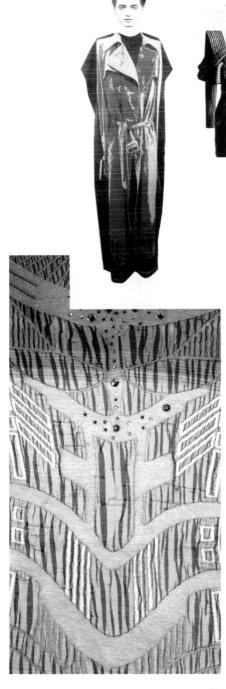

**1**

**双色提花**

这种针织工艺令图案看起来非常生动。

**2**

**"泡泡"针织法**

这种针织工艺使图像看起来更加柔和与抽象。

3

## 不要放弃任何想法！

在下一阶段，萨拉运用三维立体造型，在人体上调整大小比例及在人体上的位置。在这里，她发现运用不同的针织技法，她可以使同一个图案看起来完全不同。双色提花使图案变得非常生动，而"泡泡"针织法使得图像看起来更加柔和与抽象。（两种方法均可以通过数码织机完成。）

萨拉还通过三维立体造型的手法试验不同的款式。她在人台上用面料所做的立体造型拍成照片，然后以一种新的方式对照片进行拼贴，其目的在于创造出全新的造型。

这个过程是非常有用的。设计师常用笔将他们的想象勾画出来，并没有真切的参照物。在这个案例中，萨拉发挥了逆向思维的优势。她先在人台上通过立体造型获得服装廓型，然后以二维的方法将这些整合到系列拓展的样式中。

**3**
**拼贴效果的服装**
　　萨拉将照片拼贴在平面人体模板上以进行服装造型的实验。

**4**
**织物创新**
　　萨拉将多种材料进行组合与对比，如厚重的针织、透明雪纺和皮革。

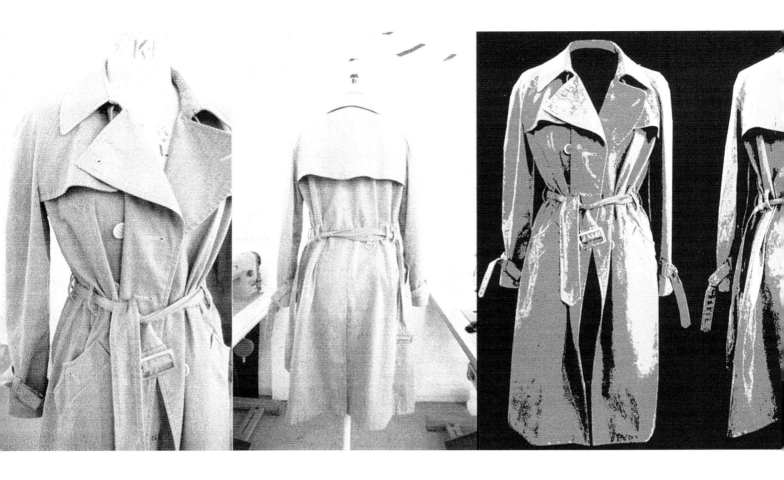

## 用你的独特视角和创意构想引领你的设计过程。

　　萨拉所具有的与纺织品相关的知识背景，以及她作为一个针织服装设计师的经历对她的工作方式带来极大的影响。从一开始，她就非常关注面料及针织新工艺的研发。她先做出一个面料小样，然后，再根据织物的特性进行造型设计。该课题就是典型的"萨拉方法"，她说："我一直醉心于将创意、造型和图案进行组合与对比，例如，将某些女性化的东西与阳刚的图形相结合，或将厚重的针织与轻薄透明的面料相结合，将规矩的图案与不规则的廓型相结合，以及将具有装饰细节的衣片与极简的廓型进行结合，等等。我认为通过组合与对比，可以在两个对立的事物之间找到一个平衡点，并使它们表达出相同的情感与意象。"

**5**

**将摄影图像运用于针织服装中**

　　萨拉喜欢用摄影图像作为她图案的基础。所以她从服装图像的拍摄开始进行尝试。她拍摄了一款长款风衣，并将它转化成了针织设备中可以实现的图案。

**6**

**试穿与造型试验**

　　通过以立体造型的方式对面料进行试验，萨拉可以获得她想要的服装造型。

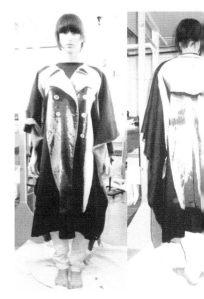

5

## 避免重复已有的概念或从你的原始素材直接转译

萨拉研发出了能反映出最初灵感关键特性的针织面料小样。她将粗实与纤细的图形线条转化为厚重的手工针织，并与多层的轻盈薄纱混合使用。此时此刻，我们再次看到，二维与三维之间的转换是一种全方位拓展设计的研究思路。萨拉总是在这一进程中反复实验，并在这种情况下，建构起二维平面图形与三维立体造型之间的联系。

她将一些材料进行组合与对比，例如，粗毛线、薄纱、精美的雪纺和皮革以及细碎的丝绸，将它们运用在针织样衣中，创造出长流苏的效果，或者用银链子在打孔的皮革上进行刺绣。

运用摄影图像作为她设计图案的基础，无论是通过抽象还是更直接的方式，都使得萨拉深深为此着迷，因此，她每天都会拍摄一些代表性的服装，例如，风衣，牛仔裤与T恤。最终，萨拉决定将这些图像直接运用在服装上，通过二维与三维之间的效果转换，她将她想要的图像转化为一个四色提花图案。她先为一款服装拍照，然后运用计算机将图像的色彩缩减为四个，然后为了进行面料创作，她通过改变图片的大小，使屏幕上的一个像素等于针织设备上一个针脚的大小，从而使它转化成为一个针织图案。

萨拉开始单独地进行这些图案的设计，一个接一个选定样本与提花图案，并在人台上运用各种手法进行立体造型的创作。她所研发出来的针织小样与提花图案可以创造出一系列的造型，这些造型反映出了她的出发点：摄影图像。

三维立体造型是萨拉的设计过程中一个重要的组成部分。她使用的所有面料都是原创针织的，由她自己设计织造出来。这说明，通常情况下，对萨拉而言，是面料决定了造型，而不是先确定服装的造型，再选合适的面料来创造廓型。

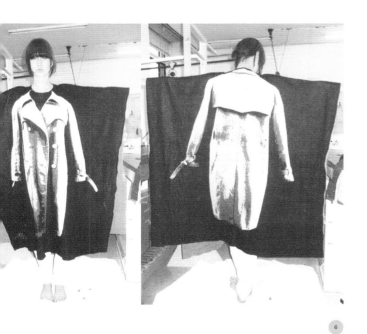

6

请翻至第50页查看这一课题的第一部分（创意），或翻至第178页查看第三部分（设计）。

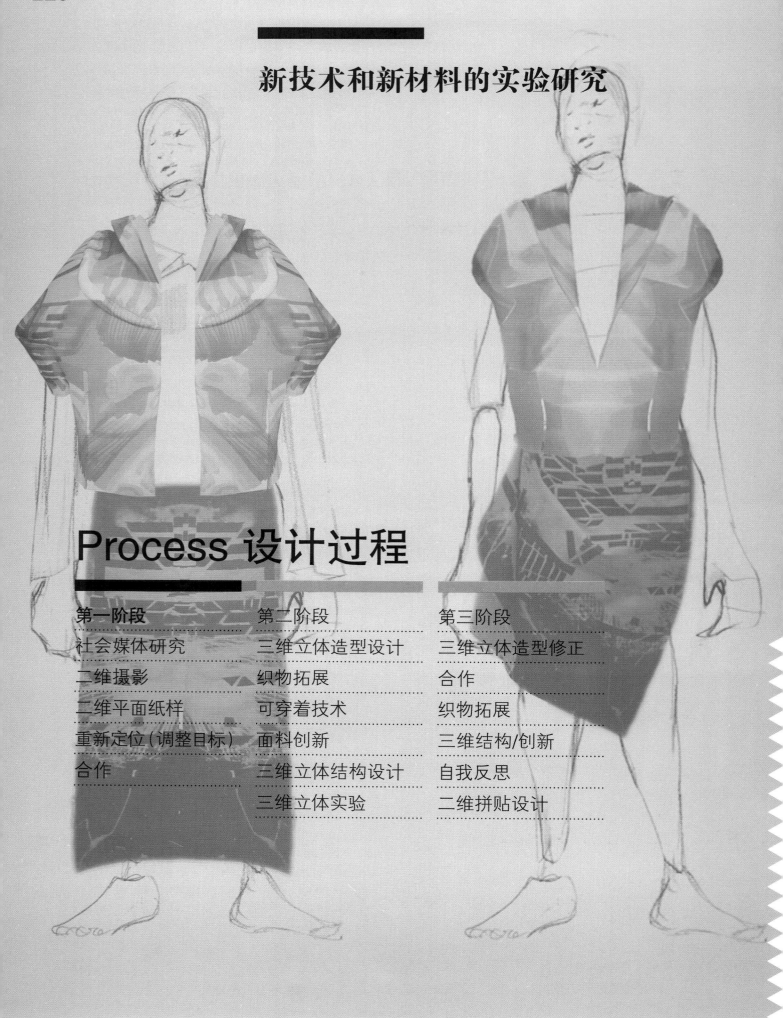

# 新技术和新材料的实验研究

# Process 设计过程

| 第一阶段 | 第二阶段 | 第三阶段 |
|---|---|---|
| 社会媒体研究 | 三维立体造型设计 | 三维立体造型修正 |
| 二维摄影 | 织物拓展 | 合作 |
| 二维平面纸样 | 可穿着技术 | 织物拓展 |
| 重新定位（调整目标） | 面料创新 | 三维结构/创新 |
| 合作 | 三维立体结构设计 | 自我反思 |
| | 三维立体实验 | 二维拼贴设计 |

莉亚·门德尔松的"光绘"

**121**

第一部分
**创意/实践**
~~56~~

第二部分
**概念/实践**
**Ⅱ**

第三部分
**设计/实践**
184

# 实践：光绘
# （Light Painting）

## 莉亚·门德尔松(Leah Mendelson)

在本书第56～第61页中，我们看到了莉亚是如何通过在人体模型上拍摄光的印记进行各种图形的创作。

如何做，做什么，从哪里开始，何时开始以及为什么？

最初，通过创造不规则造型来诠释具有比尼(Beene)感觉的几何图形是莉亚进行这一主题设计的原始背景。在这一概念阶段，她希望将这种造型演变成一个更具图形效果的"泡沫材质（Foam，空气层材料）"的造型。在三维立体造型设计过程中，她进行了大量的直接剪裁和堆褶，尤其通过创造省道的方式来获得新样式和廓型，然后运用马克笔直接在泡沫材质上进行织物图案设计。

由于莉亚是在围绕服装进行设计，她需要与最初的光绘找到直接的联系。她的目标是把光的真实内涵表现在服装中。几个月前，她参加了一个可穿着技艺的课程，该课程引介了一种EL纸（电致发光纸，一种轻薄的塑料片，该塑料片可以进行激光剪裁和电池驱动），而且她决定将这种材料运用到她的研究中。

在立体造型的过程中，莉亚因为偶然的失误而意外发现，这种纸可以剥离出一个网层，直至露出下面的泡沫材料。

莉亚把这种"发现"应用于她的立体造型设计过程中，将泡沫材料的网层剥离下来，并将这个网层放在照片透明处的中间部位，并将EL纸（电致发光纸）置于其后，通过光照可以让她的织物图形亮起来。通过光照，这个网层所具有的斜纹肌理被强调出来。这样一来，照片的实际图纹就可以直接融入她的面料设计中，并被照亮。

从一开始，莉亚就明白，这类抽象主题可以具有从不同设计角度进行诠释的潜力。她表示："我想不出有什么比将光影凝固更虚无缥缈、稍纵即逝和不切合实际的事情了。"数码印花可能不是比较容易实现的，但是她又如何（为了取用图案）对光影进行图案剪切呢？她会跟踪光带的轨迹并尝试建构图形吗？抑或是，通过从光源处移动光束发射光线，进而捕捉光带的轮廓，并以奇特的有机廓型而告终？或者，在这个过程中，直接剪裁出服装的口袋、驳领细节，或者，可以以数码印花的方式在夹克的一面进行印制。

最终，以上所提及的这些技艺，莉亚一样也没有尝试。有时，当面对太多选择时，更需要自我修正。随着新晋设计师获得越来越多的经验，他们会以更快的速度接受更丰富多元和更先进的技术。莉亚认识到了这一点，并在稍后的进程中，她会将这些先进的技艺更好地发挥出来。

**游戏与试验**

　　莉亚留出大量的时间通过拍摄进行试验，并思考如何将它们应用于面料和服装上。

## 不要放弃任何想法！

　　该项目历时一年，被分为三个阶段展开。第一件成品实物是在光绘照片拍摄八周后完成的。从开始到结束，这些拍摄需要几乎两周的时间进行准备，这严重阻断了设计的进程。莉亚意识到了这一点，但她却乐意冒险。结果尚可接受，但是它完成得并不完美。到了夏天，她再一次尝试这个想法，在制作作品集的课程中，她开始尝试抽象的马克笔绘画，然后，运用马克笔拓展肌理（笔触），这样可以带来以肌理为特色的设计。在接下来的设计课程中，莉亚开始进行立体造型、透明度和EL纸的工作。

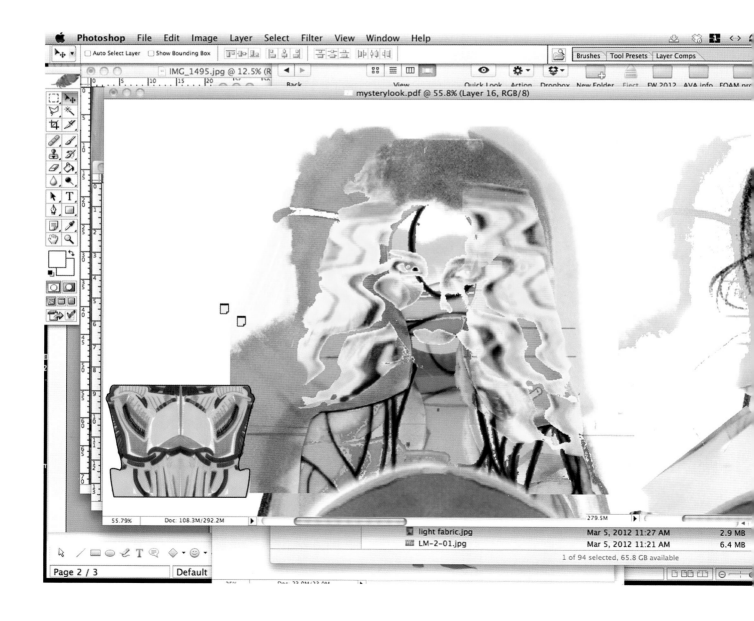

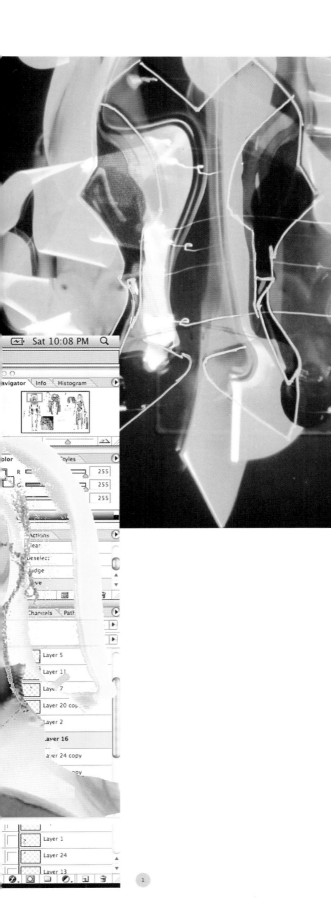

## 用独特视角和创意构想引领你的设计过程。

　　莉亚意识到，顺应设计进程的规律是很重要的。她将此视为一段娱乐与试验的时光。她将自我意识保持开放状态，她并不想用假想的结果来约束自己。她尝试多种不同的技术来拓展她的设计思路。她绘制了一些二维的设计草图。然后，她用到了一些事先为她的朋友缝制的针织运动衫的照片，并把这些照片"（模拟地）穿"在她自己的身上。服装上已经预留出了大量的缝份量，她将这个外套里外颠倒穿着，但是这个外套对她来说仍然有点小。所以，缝份部分被轻微地拉拽，体现出服装的张力和波动的线条，这些线条总会让她联想起照片中的一些光绘线条。她将这种线条以不同的方式运用到这件外套中。

　　这个想法还并不确定，所以她决定先将照片中的光绘线条剪切出来，并把这些放到她的设计拓展的画页中。随后，她尝试在这些有机图形上画出设计。在这一进程的中间阶段，莉亚参加了展示设计课程。这个课程为她带来了一个小主题，她从她的照片中截取出透明的部分，然后，将这些透明胶片覆盖着她的脚上。她想通过这个创意获得透明合成树脂的后跟，这种后跟具有一种浇注塑料时的流动感，就仿佛是吹制玻璃时吹出的流动的立体造型。

　　在这个课题进行的过程中，莉亚不得不相信自己的直觉。当她开始直接用马克笔在泡沫材料上画出织物时，她并没有打算进行剪裁和立体造型。当她坐在楼梯上等待她的朋友回家时，这个织物的设计已经自然而然地产生了。她形容她画图的过程就像儿童画画的方式，将所有的马克笔散落在她周围，不去想它们应该在哪里，仅仅享受她正在做的事情，并使它看起来有趣而美丽。她并非有意识地为了使用马可笔作画而从光绘中提取素材，但是当她回想起来时，她发现了它们之间的关联。

"我想不出有什么比将光影凝固更虚无缥缈、稍纵即逝和不切合实际的事情了。"

——莉亚·门德尔松（Leah Mendelson）

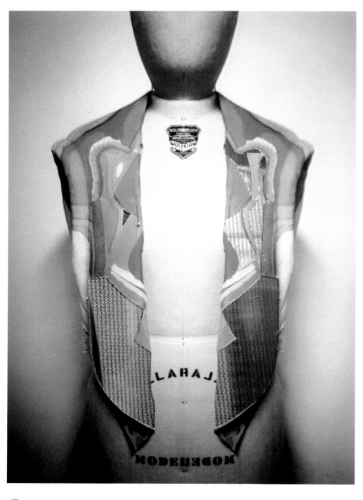

## 避免重复已有的概念或从你的原始素材直接转化

　　莉亚并不存在直接从原始素材进行转化的问题，因为是她创造了它。从她的调研中选用的所有元素都体现在最终的原创转化中，因为，作为一种结果，她创造了她自己的视觉形象。通过创作原创的艺术作品，她给这个课题带来了一个非常个性化的审美视角和设计方向。

**3 / 4 / 5 / 6**
**照亮服装**
　　莉亚将EL纸（电至发光纸）覆盖在一层泡沫材料上，进行合并，将布料上的照片图形照亮。

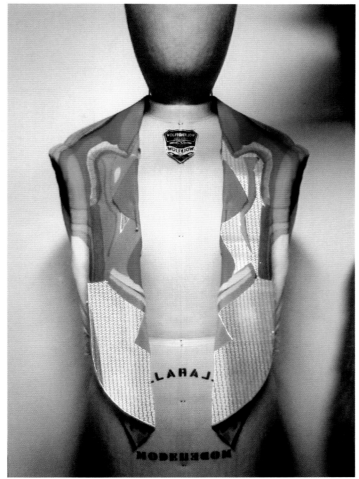

5

6

翻至第56页了解这个项目的第一部分（创意），或184页的第三部分（设计）。

悬离于人体之外的柔和而悬垂的廓型

# Process 设计过程

| 第一阶段 | 第二阶段 | 第三阶段 |
| --- | --- | --- |
| 可视化研究 | 三维立体创新 | 二维视觉呈现 |
| 二维视觉化呈现 | 二维草图绘制 | 二维/三维立体造型设计 |
| 三维概念 | 三维立体造型设计 | |
| 观察研究 | 实现及物化 | 三维立体拓展 |
| 叙述研究 | 三维立体裁剪 | 将二维草图串联起来 |
| 三维立体结构设计 | | 时尚大片拍摄 |

奥拉·泰勒的"张拉整体"

**127**

第一部分
创意/实践
2

第二部分
概念/实践
**H**

第三部分
设计/实践
190

# 实践：张拉整体
## （Tensegrity）

### 奥拉·泰勒（Aura Taylor）

在本书第62~第67页中，我们看到奥拉是如何通过研究针灸和结构系统来开启其创作进程的。

如何做，做什么，从哪里开始，何时开始以及为什么？

在运用大头针和线在人台上拓展出三维立体"蕾丝"之后，奥拉开始采集物料，信手涂鸦并通过绘制草图勾勒出她最初的设计理念。在这一过程中，她是以二维/三维的立体造型的方式更好地探索了三维立体可视化造型。她找到穿孔的仿麂皮面料和皮革来更进一步强化针灸手法的创意，使用带有植绒的氯丁橡胶泡沫材料（Flocked Face Nroprene Foam）来支撑三维立体的"蕾丝"与铆钉、丝绸和弹性绳带，和附有涂层的尼龙/欧根纱配合使用。在织物选择方面，她头脑中有两个主要标准：首先要根据她个人的品位以及她所追求的简洁、现代的审美，在系列设计的廓形方面体现出鲜明的几何感；其次，材料的硬度与厚度要求可以达到从身体向外延伸出去，并可以支撑起三维立体的"蕾丝"。

最初，奥拉从针灸的概念入手开始工作，旨在研究一种可以支撑服装的"身体"结构，她很喜欢将线悬吊在不同高度和水平位置的效果，而事实上，它们远离身体向外延伸，随之形成了几何和尖锐的线性构造。她的下一个目标是将这些"生物蕾丝"延伸到服装中。

奥拉所做的所有尝试只会带来更多的问题。她用大头针创造的三维立体"蕾丝"需要一个结实点儿的基底，为的是可以以适度的张力固定住这些线。事实上，最大的障碍是大头针需要在基底上被紧紧固定，以确保在不移动大头针的情况下，可以让这些线创造出不同的面层。当在人台上工作时可以实现，但在人体上就无法实现了。

奥拉试图创造一种更结实且具有功能性的东西，而且使用一个非常坚硬的材料来固定大头针的选择似乎显得很牵强且不够自然，这更像是建构一件服装来支撑这种结构而不是建构这个结构本身。她还希望能够直接在人体上使用金属材料，而且对使用坚硬材料作为基底的想法很不满意。所以她开始寻找一个新的解决方法来代替大头针。

对于我们来说，这个例子是一个好的提示，在设计过程中想法未达成时，不要气馁。设计师是解决问题的人，而且在大多数情况下，最好的创意正是来自于发现。最初看来似乎要失败的事情，常会带来创新和新的解决方法。

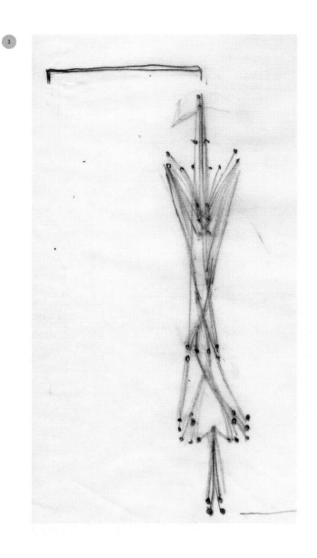

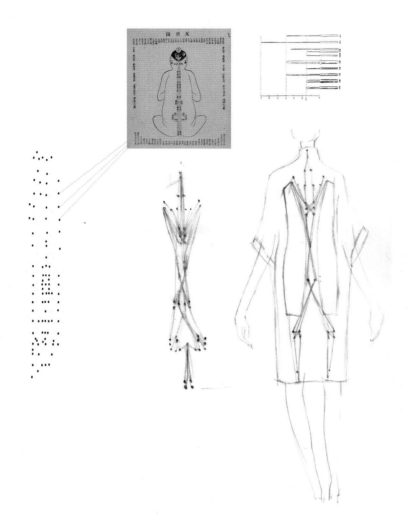

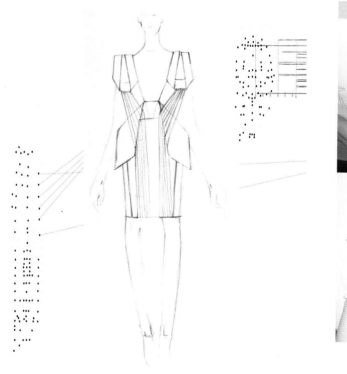

**1**

**初稿**

在人台上使用大头针和线进行试验之后，奥拉开始随意图画，绘制草图并采集素材。

**2**

**针灸结构**

最初，奥拉想从针灸的概念着手展开设计，拓展一种可以支撑服装的"身体"。她寻找可以在人体上使用的大头针的替代品。

## 不要放弃任何想法

　　在对张拉整体进一步研究之后，奥拉找来一些金属结构，这些金属结构可以为她探寻她想要的外观风貌带来灵感：它们是一种可以凭借张力悬离于人体之外的材料。带着这个想法，她开始运用中空的金属管和金属丝来创建一个具有支架结构的三维立体模型。

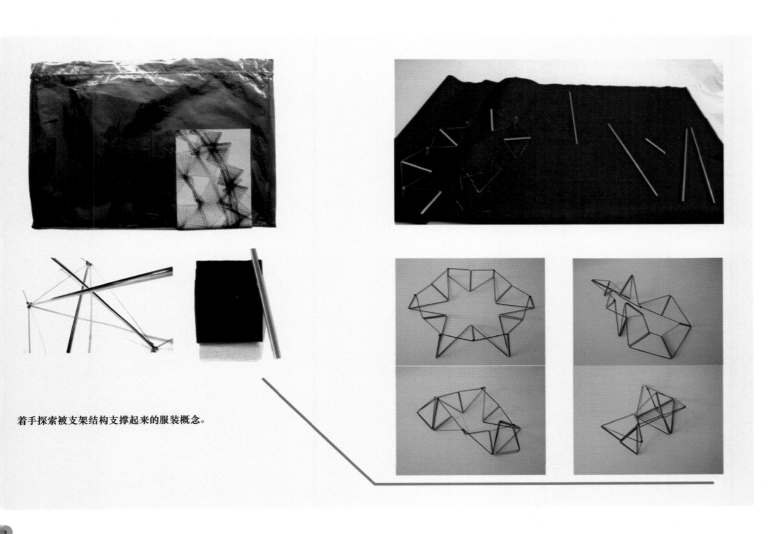

着手探索被支架结构支撑起来的服装概念。

3
支架结构模型，由中空的金属管和金属丝构成。
　　在她对"张拉整体"主题进行进一步调研之后，奥拉试图创建一个可以悬离于人体之外的服装结构。

**Tensegrity Structure**

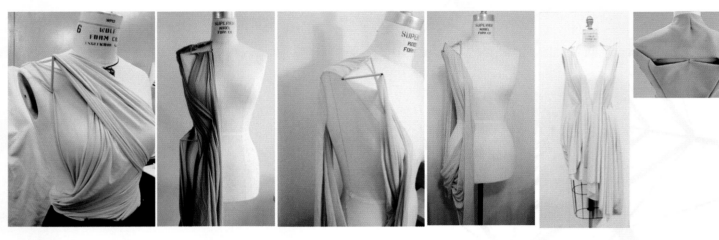

4

**4**

**运用棉针织布进行立体裁剪**

奥拉之所以选择轻薄的人造丝和棉针织布进行立体裁剪，主要是因为它们具有弹性。它们会比奥拉之前所寻找的材料都具有更加柔和的美感。

**5**

**精准剪裁**

奥拉从柔和的材料转向三维立体的精准剪裁，引入更为尖锐的线条与廓型。她将继续创作可以悬离于人体之外的服装的主题。

## 用独特视角和创意构想引领你的设计过程

奥拉将支架结构在人台上固定好，并开始围绕人台延展面料，从一个支架到另一个支架，包括后片。为了创造出新的廓型，她在人台的肩部、腰部以及背部这些不同的部位移动结构点。她的主要目的是使面料在人台上得以延展并使之悬离于人体。为了使"面料保持拉伸"的效果，奥拉最终将面料选择的范围缩小为轻薄的人造丝与棉针织布。这些面料具有的弹性，易于拉伸同时又易于创造悬垂效果，这些特性使它们成为理想的面料。

然而，运用棉针织布进行三维立体造型的效果显示，棉针织布比奥拉所想要的设计美感更柔和、更流畅，于是她重新回到了立体裁剪的步骤，她引入了更尖锐的线条和廓型与柔的廓型保持平衡。她运用了相同的服装概念和创意——制作可悬离于人体之外的视觉语言。这一次她运用拼缝创造出可以显示人体精准结构的视觉语言。

## 避免重复已有的概念或者从你的原始素材直接转译

奥拉的全部设计过程都是原创的。她充分利用从不同角度获得的调研将设计进程向前推进。无论是通过人体穴位的初期探索获得的几何造型，还是对巴克敏斯特·富勒的作品以及对张拉整体概念的调研，都将她带入了一个新的方向，她探寻着她自己的设计过程和方法，这将引领着她沿着一个新的路径去探索解决方案。作为一个设计师，在时尚的语境中，她以她的视角重塑张拉整体的概念，因此，奥拉才会把原先看起来毫不相干的、看似对立的生物学与服装设计融合在一起。

当一个项目看似走到了穷途末路的境地时，这个例子很好体现出了坚持不懈的精神。设计师们通常对无法解决的创意很快就感到了厌倦，于是便会在寻找下一个想法的过程中丢弃了最初的创意。但是，在你每一个项目中往往都潜藏着一些非常惊艳的想法，有一些是需要你花些时间并在适当的语境中才能充分实现的。我们可以通过一个新的探索方式来寻找并建立联系。

请翻至第62页查看该项目的第一部分（创意），或请翻至第190页查看第三部分（设计）。

一项关于形态记忆材料与新型
工艺技术及织物的调查研究。

# Process 设计过程

| 第一阶段 | 第二阶段 | 第三阶段 |
| --- | --- | --- |
| 对手工技艺的调查 | 融合织造 | 有机工程 |
| 数据采集 | 纤维试验 | 自然编程 |
| 材料/科学研究 | 手工技艺 | |
| 日志记录 | 传统与科技 | |
| 材料/科学实验 | 刺绣 | |
| 视觉效果研究 | 天然/人工技术 | |
| 二维草图绘制 | | |

# 实践：技术自然学
# （Techno Naturolog）

吴燕玲（Elaine Ng Yan Ling）

在本书第68～第73页，我们已经了解到了如何对人工造型记忆材料和天然材质进行科学试验。

如何做，做什么，从哪里开始，何时开始以及为什么？

在采集完所有的数据后，吴燕玲需要对实验结果进行分析。通过回顾实验日志和再现实验视频，她探索了这个织物的手感，并且通过水洗和加热进行了耐久性的测试。

作为课程作业的一部分，吴燕玲经常参与周刊的评论，并且向来自纺织未来研究组织的专家们进行陈述。这使得她能够很好地发现问题并不断地使自己的项目得以改善。

为了获得一个没有倾向性的结果，将自己的设计作品在中央圣马丁艺术与设计学院"创作中"的展览中展出。这个展览将研究课题呈现在公众面前。这其中包括"创作中"的缩小比例的样品原型，而且还有一个模拟视频可以展示出动作的概念。前来参观的人包括普通观众，在设计、时尚和工艺方面有所造诣的专业人士，以及在建筑、机械以及材料工程方面颇有建树的专家学者。他们往往会给出非常有用的反馈信息，同时也会询问一些与的新型混合形态记忆材料的功能性有关的问题。

大多数问题都集中在构成这种混合材料的形态记忆性材料和天然材料各自的数量问题。但是观赏者同样也想知道这个设计究竟是要应用于服装设计还是建筑设计，并且还想知道此设计的可操控性有多少。同时最重要的一点：他们想要知道这样的设计是否会在未来的十年中投放市场。

在所有的问题当中，聚焦于吴燕玲还没有完全研究透彻的方面。这个形态记忆型聚合物能否被用在大尺寸的物体中？而且它如何能够被用于建筑物外部结构中？从传统角度上来看，这种材料只会被用于小规格的物品中，通常与人体体形有关。在这种情形下，它可以被精确监控，而且动态更明显。想要创造出一种更加有机的形态，所以她想要研究在大规格尺寸中该材料的表现。

## 不要放弃任何想法！

在"创作中"作品展示结束后，决定把重点放在进一步探究混合体中形态记忆材料和木片数量的多少问题。这是"自然学"设计的关键所在。吴燕玲创造出了与事物变化相关的脚本，并最终找到是两种材料保持平衡的方式。

接下来，决定再次拜访传统织物的纺织技术，重新调研了许多各种不同的具有"应激反应"特性额纤维。这些纤维包括：藤条、运用向量乘法（SPMV）来分解不同类型的扭曲的聚酯基纤维、巴尔沙木、丝绸、单纤丝以及弹力羊毛还有智能纤维，还包括有形态记忆纤维。这些都被认为是热应性材料，同时也是液应性材料。对这些纤维的每一个特性进行调研使得能够仔细按照正确的比例进行合成，同时还可控制织物的反应作用。

为了将传统织造技术推向极致，吴燕玲在织造过程中将激光切割技术和复合层板（无黏合剂）结合运用。这一步实验的着眼点在于探究合成技术并获得准确的合成比例。吴燕玲使用了将技术进行分层处理，比如，当她织造完样品，用高温对其进行定形之后，随后通过激光切割与手工雕刻相结合进行新造型。

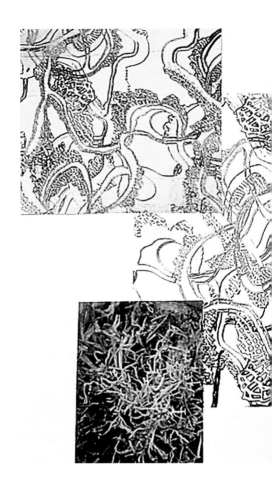

**1**
**手绘本页面**
运用不同材料进行图形试验，包括木片和形态记忆材料。

**2**
**"创作中"展览**
吴燕玲将初期设计阶段的物化过程以样片和模拟的方式进行展示。

**3**
**纤维试验**
将藤条、形态记忆材料和向量乘法组合运用，创造出一种在机织结构中半预先设定的造型。

译者注：
SPMV,稀疏矩阵向量乘(Sparse Matrix-Vector Multiplication，SpMV)是科学计算领域一个非常重要的内核，在求解稀疏线性方程组的迭代法中占据主要的计算量。

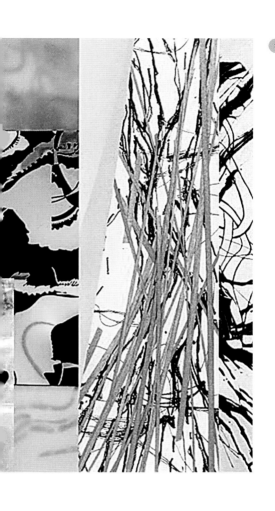

在我看来，时尚不仅局限于服装的语境中。时尚同样也意味着一种防护。

——吴燕玲

4 / 5
**摄影**
　　吴燕玲通过使用木片做试验来研究其运动和柔韧性。

6
**多维度研究**
　　在这里，吴燕玲通过改变温度创造出负形。

## 用独特视角和创意构想引领你的设计过程

现在吴燕玲想要把她研究中的发现转化为有用的数据，用以创造"技术自然学"的结构。她现在已经做好准备，运用她所学的全部知识来解决服装设计与建筑的问题。

现在她所面对的挑战将是探索如何很好地利用形态记忆材料，并使其能够安全舒适地与皮肤相接触。有没有必要使用电能作为驱动力？抑或，自然之力能否满足并驱动这样的运动呢？

这是时尚语境中，在纺织品新技术使用方面，面临的最大挑战。对于穿着者而言，通常的服装中是不允许使用电子产品的，吴燕玲需要找到一个可以帮她把概念转化为现实的解决办法。

她运用原型设计手法，从以下几个方面进行研究：

——运用带有超弹特性的塑料探索了柔韧性，其目的在于在没有外部能量介入的情况下获得运用。

——了解形态记忆聚合物与合金的强度与脆弱度。

——运用像藤条这样的天然材料，分析其在不同湿度与温度下的敏感度。

在阿尔杜伊诺（Arduino Platform，开源硬件平台）上，重新审视她的电脑编程技术。阿尔杜伊诺是一款便捷灵活、易于操作的开放性的电子原型平台，包含硬件和软件。它适用于对交互设计物体与环境感兴趣的艺术家和设计师们。她可以测试出哪一个版本可以有最佳的表现。所有的这些试验都通过照片和视频的方式记录下来。这使得她与她的搭档团队能够进行重复研究并对整个过程进行分析。在电子产品中总会存在未知的因素，一旦出现了错误估算，那么就有可能造成电路短路，而且，在一开始，这种情况也许不会显现出来。所以，在测试过程中，做视频记录是至关重要的。

## 避免重复已有的概念或者将你的原始素材直接转译

吴燕玲为她现阶段设计起了一个新名字叫"手工技艺"和"熔化织造"。

对吴燕玲来说，为了让整个设计理念继续推进下去，关键在于选择成功的创意并排除掉其他不适合的选择。在原型设计这个阶段，吴燕玲解决了技术可以互相兼容的问题。比如，在服装设计中非常流行的刺绣技术并不是十分适合她的理念。在测试过程中吴燕玲发现，当电流穿过合金时，合金会变得很热，之后便会把缝合在合金外部的纤维熔化掉。但是，吴燕玲依旧很渴望运用这些传统的技术，于是她继续用不同的纤维材料与合金缝合在一起，例如，羊毛、纸绳以及聚酯。经过试验，发现不同的纤维会在不同的温度下熔化，尽管这项技术不太适合与合金相结合，但是这却为吴燕玲带来启发，进一步研发出新的织造结构。

吴燕玲所关注的是如何创造出一种"可生长"的纺织品，可以从它本身的设计中体现出天然及固有的应激力。设计过程中的第二个关键要素是吴燕玲对天然物与人造物的研究。"技术自然学"技术的目的是将自然反应运用到工程系统和现代技术的设计中，从而达到对混合构造系统进行模拟的目的。

混合构造系统是一个智能化的、活跃的系统，通过模拟人造传感器和自然传感器的易感应性来实现预期的效果，该系统被应用于创建强调动感、柔韧性、持续变化的建筑结构的工艺技术中。它可以使建筑本身与它们的形态、造型、色彩或者是易感应性的特征相适应，同时，还可以使空间体验的感知力得到改善与提升。在这里，吴燕玲使用同样的系统来开发出具有创新意义的纺织品。

请翻至第68页查看本项目的第一部分（创意），或翻至第196页查看本项目的第三部分（设计）。

# 学者观点
## 蒂莫·瑞瑟南（Timo Rissanen）

**你的设计哲学是什么？它如何对你的教学带来影响？**

我最初关心的是，面对不可预知的未来，人类的生存问题，因此，我会告诉学生们服装设计和文化存在的大背景。然而，从传统意义上来看，系统性思维还未被认定为时装设计教育中的组成部分，这需要未来去完成。

当我设计与人体有关的服装时，通常有两个出发点：人的身体及面料，而且对我来说，服装设计就是在这两者之间探寻各种不同的可能性。回到系统思维中，关注整个服装生命周期可以启发我的思维，同时源于那些被认定为"未完成"的设计——服装一旦离开我的手，它们仍会继续存在并创造不同的冲击力。我将这种体会分享给我的学生，尽管我清楚地认识到，他们与我拥有不同的设计哲学。作为一个教育工作者，我坚信我的角色是使学生了解他们在设计师行业中的地位，并帮助学生塑造他们自己的设计哲学。

**作为一名导师，你用何种方法来启迪学生使他们超越自身的局限性？**

我不断要求学生睁开眼睛关注我们周遭的世界，关注那些他们不曾觉察的事物。在每一次授课时，我都会一遍又一遍地提醒自己我的角色是启迪学生去寻找他们自己的声音。

**你能否描述一下你在教学过程中所发展而来的一些具体方法或者框架（对你而言的独特方法）？**

至于零废弃时尚设计，纸样裁剪与做标志（Mark Making）在设计过程中起到重要的作用。实际上，即便不考虑浪费面料的问题，我也强调鼓励学生从二维纸样（而不是一开始就进行二维服装草图的绘制）开始做设计，往往会创造出全新的并且意想不到的服装形式。

很多时候当我意识到某个学生在草图绘制阶段中为了获得创新设计而挣扎时，我都会鼓励他先做拼贴设计而不是继续画下去。举个例子，一个来自美国帕森斯（Parsons）设计学院的美术学士（BFA）四年级学生奥拉·李（Laura Li）就利用了爱德华·伯顿斯盖（Edward Burtunsky）的摄影作品《采石场》中的部分画面拼贴完成了她的"草图绘制"。之后她便以此为引导进行了系列的立体造型设计。

**你的这种方法源自何处？它又是怎样得到发展完善的？**

这种方法来源于在我生活中每一天所做的事情，同样也来源于那些在我的设计生涯中许多令我深受启发的人。我所接受的也是传统的设计方法的教育：调研、绘制草图、纸样裁剪及成衣制作。直到大学的最后一年，我非常荣幸地遇到了一个名叫瓦尔·赫睿哲（Val Horridge）的老师，他当时毫无保留地向我展示了他在1/2比例的人台上制作三维立体造型的创作过程。通过我的草图绘制，这些立体造型得到进一步拓展；这种立体造型手法为我带来了用传统方法无论如何也无法获得的服装造型。

在我进行以零废弃的时尚设计为题的博士课程研究中，纸样裁剪成为我设计过程中不可或缺的一部分。我很快意识到仅仅通过草图绘制是无法实现零废弃服装设计的，并且在想法还没有确定下来之前，纸样裁剪工作就要开始进行了。现在，材料浪费再也不是我所考虑和担忧的问题了，我所做的一切都是"零废弃"。我觉得这不是一种限制，而是一种极富创意的服装设计的方法。

**蒂莫·瑞瑟南已经在澳大利亚教授时装设计七年了，尤其对可持续时尚设计十分感兴趣。他的设计过程深受"奇特的"纸样裁剪的影响，而且通过研究与实践，他已经对零废弃设计进行了深入的研究。**

**当学生在设计过程中碰壁时，你会怎样帮助他们？**

首先，我会试着倾听，了解学生在设计中所遇到的问题。然后，我会提出一系列向前推进的解决办法，并与学生进行讨论。例如，学生会展示常规的（或者说"众所周知"）的设计草图，并且对大量的织物拓展进行文字说明，但并没有用真正面料来做。这时，我就要求学生停止口头工作，或者停止围绕织物拓展进行的笔头工作，相反地，是将注意力转移到"动手实践"中，通过对面料进行操作与修饰进行试验，这将会帮助学生围绕着时尚与织物表现，寻找与自己相关的设计语言。

**你认为设计中是否存在"对"与"错"？**

对我来说，很难从不同的设计过程来判断其"对"与"错"。每一位设计师都拥有各自不同的世界观与设计方法。在我进行服装设计教学时，我一直对老师将自己的方法或哲学强加于学生的做法心存质疑。所有与设计相关的各类学科的老师，都必须意识到：学生的学习方式是多种多样的，而且设计过程本身又充满了独特性和强烈的个人色彩。我们的共同目标是追求整体的和谐之美，这种美中不包括强迫性的劳动或者对自然环境的破坏。

**你能否分享一下你对以下词语的重要性的看法？**

调研：没有全面充分的调研，就不会有创新。可视化调研，对于一个全面的设计概念的发展是远远不够的，它对于个人审美观的形成起到了决定的作用。一个成功的设计师必须是一个贪婪的读者。

试验/设计拓展：一颗无所畏惧的心是必须要有的。在接受挑战时，要彻底摈弃从童年起就被灌输的害怕失败的心理。从错误、灾难和惨败中，会涌现出新的创意和不可预知的发现。

方法：创造属于你自己的设计方法。这需要反复试验，会花费很多时间。最终，你将会找到适合你、令你得心应手的设计方法。

视角/审美/品位：这些都与调研密不可分。任何设计师调研中的主要部分都来源于丰富的生活阅历：对新的体验持开放的心态，并对我们周遭的世界保持一颗几近疯狂的好奇心。

设计师的身份认同：这是自我表达的关键所在。你想要通过你的作品向大家传达什么？

自我反思：我相信自我反思是可以将你的设计过程顺利推进下去的关键工具。但是，这并不表明这是一件轻而易举的事情。无论是学生还是专业人士，都会"近距离"地审视自己的作品。因此，很难获得反思所需的远观与距离感。在这种情况下，如果没有残酷的反思，就不会学到任何东西。

对于那些仍然执着于建立自己的个性和审美的学生或新晋设计师，你可以给出什么建议？

无论是作为一个设计师还是为人，都要试图找到一个最适合自己的设计方法。生存并体验周遭的世界，你的阅历越丰富，你从中得到的就会越多。有些时候，你必须放弃通往正确的权利。

**把你的设计方法精炼成一句话，会是什么？**

真正地倾听世界，真正地观察世界，真正地体验世界。

# 设计师观点
## 玛丽亚·科尔内霍（Maria Cornejo）

**你的设计哲学是什么？**

实际上，极简主义设计并没有表面看上去那么简单。添加装饰与加法是容易的，但是如何使一件设计看上去既简约又令人赏心悦目则是一个挑战。我尝试用几何图形作为基本元素来设计我的系列。我喜欢在服装中使用尽可能少的拼缝。所以，于我而言，解决这个难题会使设计过程充满趣味，然后，看到转化于人体之上的简单廓型则是极具创造性的过程。

**你是如何工作的？设计过程的第一步是什么？总是一成不变的吗？**

对我来说，为了激发灵感，我会让自己尽可能地远离服装。我必须先拒绝一切可以激起欲望的事物，然后会问自己："你想要什么？你需要什么？"一旦我开始有了想法，便可以开始创作系列设计作品了。

**你的设计方法是如何发展演变的？它会随着时间的推移而改变吗？**

我会时常将我的想法重新定义与推衍，同时还会去寻找可以激发我的热情并挑战自我的新方法。对我来说，不断学习和不断迎接挑战是非常重要的。

**你的这些方法是出自本能还是通过学习获得的，或者说是两者兼有？**

两者兼有。但是经验会为我带来在设计中创造捷径的可能。

**你的设计过程是呈线性构成的（基于一个设计获得另一个设计）还是带有一定的随机性？**

我的系列设计倾向于一种推衍的进程——从过去出发，建立设计概念和设计元素。在我的设计中始终都存在一些相同的元素——体量感、悬垂感及极简主义，但是在每一季中我都会通过推出意想不到的元素来推进我的系列设计。很多时候，我会尝试从不同的东西中获得创作的灵感，或者重返五六年前的档案中，再次审视它们并进行重新设计。我们也会重复使用成功的服装样式——经典的服装样式应该长存下去，而且没有时间限制。

**本书强调从多个切入点进行设计：文字法、叙述法、抽象法、二维可视化、二维平面裁剪法、三维立体解构法、三维立体建构法、思维导图法以及织物创新与新技术。这其中，哪些方法可以最贴切地描述你的设计方法？**

我的设计方法多为二维平面裁剪法和三维立体结构/解构法。我通常先从面料入手，然后，我会使用三维立体裁剪法。

**把你的设计过程精炼成一句话，会是什么？**

该系列被命名为"零"，是一种纯概念的表达，它的内涵是：零是一个即非加也非减的数字；它是一个原点。

　　玛丽亚·科尔内霍（Maria Cornejo）的多重职业辐射了伦敦、巴黎、米兰和东京，在这些地方她都是一个具有开拓精神的设计师合伙品牌瑞持蒙德·科尔内霍中的一分子。后来她创立了自己的设计师品牌系列"玛丽亚·科尔内霍"并担任大型零售商约瑟芬（Joseph）、泰亘（Tehen）和吉克索（Jigsaw）的创意总监。

　　1996年，玛丽亚举家搬到了纽约，1997年，她把在丽塔（Nolita）的一个未被开发的空间变成了一个极富创造力的工作室和商店。她以其毫不妥协的个性和极具个人色彩的设计方式博得了众多忠实拥趸的青睐，同时从诸如像蒂尔达·斯文顿（Tilda Swinton）、米歇尔·威廉姆斯（Michelle Williams）和辛迪·舍尔曼（Cindy Sherman）这样的名人客户中得到了高度赞赏。科尔内霍也为美国第一夫人米歇尔·奥巴马(Michelle Obama)进行服装的订制。

　　2006年5月，"zero Maria Cornejo"品牌在纽约的西村（Far West Village）开设了第二家分店。"zero Maria Cornejo"在纽约、米兰和巴黎时装周上举行一年两次的新品发布。品牌产品线在世界各国各地区的前卫时尚店中进行销售，这些店包括纽约的巴尼斯（Barneys）、多伦多和蒙特利尔的霍尔特·特伦弗鲁（Holt Renfrew）购物中心，芝加哥的伊克拉姆（Ikram）与布莱克（Blake），圣莫妮卡的风向标（Weathervance），旧金山的格罗希瑞（Grocery）商店和Mac商店，伦敦的丹佛街（Dover Street）商场，香港的载思精品店（Joyce Boutique）以及迪拜的维拉·摩达（Villa Moda）商场。

译者注：

　　纽约的东村（East Village）和西村（West Village）是各种各样具有反叛精神的先锋艺术的汇聚之地，美国反主流文化的大本营，自20世纪末起，被艺术家、激进分子、反叛者称为"家"的地方。

**当你在设计中碰壁时，你是如何继续推进的？**

　　这时，我会把它放在一边，然后过一段时间后再回来。我会去散步或者做些其他的事情。我的特色做法就是远远离开，其目的就是可以向前推进。

**你认为在设计中是否存在对错之分？**

　　我认为没有绝对的对错之分，只有最适合的。

**你认为，你的设计过程中什么最重要？**

　　对我来说，最重要的出发点是，作为一名设计师的我所坚持的个性特色及其重要性。我会一直尝试新廓型和抽象的概念，并使服装具有可穿性和真实感。我经常会进行自我反思，思考着作为一名设计师，我到底是谁及我的设计蕴含了什么。我认为这就是我的设计过程。但我很少去做调研。

**对于那些仍然执着于建立自己的个性和审美的学生或新晋设计师，你将给予怎样的建议？**

　　发出你自己的声音，找到适合你自己的路。

# 视角

*Paper* 杂志资深时尚记者，米奇·鲍德曼（Mickey Boardman）

米奇·鲍德曼以其无处不在的犀利过激的言辞闻名于纽约下城社交圈内，他同时还担任着*Paper*杂志的"Ask Mr.Mickey"栏目的主撰稿人，极尽戏谑之能事。

**在你与设计师的关系中，你认为你的角色定位是怎样的？**

关于我们的角色定位，我不同意其他记者的看法。我认为，首先也是最重要的，是我是时尚的啦啦队长。对于我所参与的每一场发布会，我都想要爱上它，我希望设计师可以把无穷无尽的服装卖给零售商，我也由衷地希望这些设计师可以好评如潮。从根本上来看，我想把我最光鲜亮丽的一面展示给他们。在出版物中，我的作用是让那些未被发现的天才发出光彩，并将与他们有关的好消息传播出去。

**你认为，对于那些新晋设计师而言，如何在时尚体系中，更好地平衡经济效益与创造力？**

在这条道路上，可谓崎岖坎坷、歧路重重。需要保持经济效益与创造力之间的"平衡"。每一个设计师都有其独特的不同于他人的地方，你无法进行比较。年轻的设计师们需要弄明白他们自己究竟想成为什么样的设计师，并决定他们是否想要创造一个小众市场。

但是我们需要记起的是，早些年前，马克·雅可布斯（Mark Jacobs）曾离开他的生意一段时间，在当时他失去了众多的支持者并经历了几年的困顿期。很难想象他如今在迪奥（DIOR）所获得的巨大成功。我们再来看看迈克·科尔斯（Michael Kors），他现在经营着自己庞大的生意，但是也曾经经历过生意的贫困潦倒期。

**你认为对新出道的设计师做评论时会受到什么因素的影响呢？他们会因此而成功还是会就此泯灭？**

如果你在各大重要报纸上都登上了头版，而且附有照片，那么零售商们就会向你致电下订单了。你需要选择一个合适的媒体进入商场，同时商场也需要获得媒体的报道……，如果没有被报道，这些商场就不会买你的设计，他们会说："首先，让我们看看你何时可以得到媒体的报道——我们也不喜欢报道一些无法在商场售卖的东西。"这真是一个让人左右为难的境况。那些新出道的设计师就会想："如果我想要让我的设计被媒体关注，那么我就得设计一些适于拍成大片的设计作品"，但是适于拍成大片的单品又不能拿来售卖，所以，整个过程就成了一个充斥着各种伎俩和欺骗的表演。一切就不再像白纸黑字那么简单了。

同样需要注意的很重要的一点是，如果行业中的某个重要人物十分器重和支持一个设计师，那么这将会改变设计师的整个设计生涯——这些重要人物都是重权在握的人。

**当评论一个新出道的设计师或者其系列设计作品时，你着重强调的是什么？通过将他们的优势分门别类，你是否成为一个定义他们的职业生涯的重要人物吗？**

我们将不会去谈论设计作品是否具有可穿性或者价格是否合理以及价值等等之类的问题。那些与设计作品的好与坏毫无关系。我们只是在寻找那些可以令我们感到兴奋、眼前一亮的设计师。

当人们听到"我们最喜爱的设计师是迈克尔·科尔斯"时，人们感到十分震惊。他们认为我们只会喜欢那些劣质怪诞且滑稽的风格。但是我想说的是他把经典美式运动休闲风体现得非常漂亮——杜罗·奥尔渥（Duro Olowo）和伊莎贝尔·托莱多（Isabel Toledo）和我们观点一致。我们都喜欢精美的服装。

**你是否在寻找一个可以一季一季延续下去且彼此连贯的元素?**

对我来说,如果一个设计师每一季都做完全不同的设计,将会让人们无法判断他们究竟是谁,那么这实际上是一种羞辱(那些小有名气的年轻设计师应该为此感到愧疚)。这一季他们想做巴伦夏伽(Balenciaga),下一季他们又想做纪梵希(Givenchy)。我喜欢那些对自己有明确自知的人。

**你是否认为,设计师的设计方法是拓展他们的眼界、审美和见解的重要因素吗? 这一点对于消费者而言也许体现得不那么明显,但是如果是针对设计师而言,你是否会有这种感觉呢?**

我不太了解他们的方法。我认为这取决于这些方法是否对他们起作用。例如,安娜·苏(Anna Sui)上一季发布会是她所有发布会中做得最好的一次。当我到后台采访她时,她十分高兴。所以,如果它真的是一个伟大的设计,你就会自然而然地感觉到。

**在你看来,影响一个系列设计成功与否的主要因素是什么?**

对我来说,成功与其可销售性和可穿着性无关——而与其令人惊艳的程度有关。我认为,那些我所钟爱的系列设计都是用生命换来的:川久保玲的小丑系列在T台上采用了针织、巨大的圆点、棉花糖假发。在我看来,一个成功的设计必须是能够给所有人都留下深刻印象的——无论是消费者、媒体、时尚编辑、零售商、所有人……更重要的一点是,它是否改变了流行的导向。

**商业化的可行性与设计本身的创造力,你认为孰轻孰重,还是两者兼有?**

这是一个异乎寻常的平衡。在我年轻的时候,我会说创造力就是一切。但是创造力不会为你买单。因此,目标就是尽可能在保持创造力的前提下,兼顾经济效益……你需要很好地保持两者的平衡。

**你对人才是如何进行界定的?**

年轻的天才本身就是一种有趣的事情。我是一个照片编辑者,所以我有机会见到很多的摄影师。当我要求他们将其作品带来展示时,他们会说:"我们还没有准备好! 我们还没有准备好!"他们认为他们的作品集应该是精美绝伦的,而且会将他们的名字浮雕于木盒之上。我记得一个最优秀的摄影师来找我面试——她来的时候只带了一个盒子——仅仅是一个盒子而已。在某种程度上,她显得如此笨拙,并且与我所描述的其他人完全不同,但是她是一个天才的摄影师。她向我们展示了许多路毙动物的照片。要知道我是一个素食主义者,不吃肉,所以将许多路毙动物的照片拿给我看的做法本身是十分不明智的! 但是她拥有着十分独特的个人见解与看法,而且她的作品给我留下了十分深刻的印象,所以我对她说:"让我们一起工作吧!"设计师也是一样的。你必须得显现或者展示出一些你不同于他人的地方。无须租用巨大的宫殿,只需要出好作品。

任何可以展示出你的独特个性和区别于他人的作品就是成功的。但是如果你只是单纯地为了吸引眼球而进行创作,那么这样也是不好的。这两者之间是有差别的。当一件设计展现出与众不同和美好的一面时,它就是精彩的,但是,如果它与众不同且拙劣,那么它就与精彩相去甚远了。

**对于服装设计毕业生你有什么建议吗?**

做你自己。如果我说我爱瑞克·欧文斯(Rick Owens),那是因为他如此与众不同——如果你看过他所设计的服装,你就会明白我说的是什么——这并不意味着他很富有,而是因为他在做他自己的事情。

译者注:

杜罗·奥尔渥(Duro Olowo),目前长驻伦敦的南非设计师。

伊莎贝尔·托莱多(Isabel Toledo),48岁古巴裔的纽约女设计师,出生于古巴,8岁移民美国,风格前卫。

# 第三部分

# 设计

# Des

预测未来的最好方式就是去设计它。

——巴克敏斯特·富勒（Buckminster Fuller）

译者注：巴克敏斯特·富勒（Buckminster Fuller），美国建筑家，是一位富有远见的工程师、建筑师和理论家，一生致力于为人们设计并塑造一个新世界。

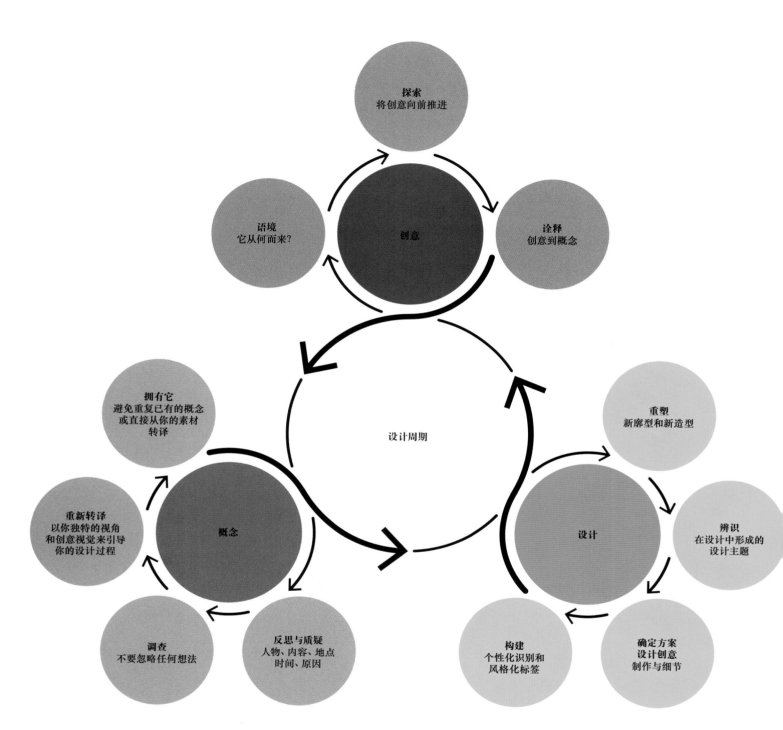

# 设计/过程

设计：
——根据计划进行创作、时尚、执行或建构
——有一个明确的目的
——为特定的功能或目标而设计
——用一个与众不同的标识、符号或名字来表明你的设计
——构想或执行一项设计计划
——进行草图绘制、排版或者为设计做准备

设计的最后一个阶段是前两个阶段的高潮。先前的研究与探索全都体现在最终完成的设计系列之中。设计作品的真实性是最重要的，即使已经到了这一阶段，对于设计师而言，始终对新创意持开放的心态是很重要的。一个全新的设计常诞生于将二维创意草图转化为三维立体造型的过程中。设计顿悟之后就需要重新开始，这总比以平庸之作或毫无关联的系列冒险要明智得多。

在设计过程中，不断修正是这个阶段的一个重要内容。有时学生在构思阶段过早地自我修正而使他们停步不前，而将他们作为设计师最重要的——真实的创意理念去除掉。在一定程度上，市场营销固然重要（对于有些设计师来说，这是一种切实可行的工作方法和路径，并且会贯穿整个设计过程），但是对于很多设计师来说，最终因太快地接受现实，而只能选择放弃那些不具备商业性的原创设计，同时，将他们的设计做出妥协。在这种情况下，如果他们不去尝试表达出他们的观点与想法，那么，最终他们的设计将会以原创理念的"稀释"版本呈现出来，熟悉的——但不是创新的——廓型。在设计中，所谓的原创性不仅是指更换一种材料、一种色彩或者是对驳领的造型略加改进，原创性所包含的内涵远不止这些。

在最后的提炼环节，"多余的杂质"将会被燃烧掉。同样地，在设计的最后阶段，设计师会不断揣摩他们的想法，直到最后一秒，为的是获得完美效果，并将他们的想象力转化为真实有形的实物。哪怕是模特正在T台的出口焦急等待，设计师依然会不断地揣摩，做最后的修改，为获得最终的视觉效果而仔细推敲。

在创意与概念融合的最后阶段，你应该寻找可以清楚表达你自己想法的视觉语言和个性化的设计语汇。你自己的个性化的工作方式便会自然而然地流露出来，而且随着时间的推移，当你开始意识到自身的优势及独特的设计手法时，你自己的设计特点就会显现出来。

对伊莎贝尔·托莱多（Isabel Toledo）来说，她的设计工作中最首要的工作便是被她描述为"将情感穿着在身"的东西。她的探索过程就是她的设计语言。她说："我要求自己在不断地运动中获得悬垂效果。我找回了一种轻松自由、不受约束的感觉，就仿佛卸掉了自行车上的辅助轮，因为我做出了与平面纸样的三维立体效果相近的服装造型，我把它一缝好，就喜欢上了它。当所有这些玩谑的做法，有朝一日都变成我的设计语言及全部的作品时，我就慢慢学会了如何以视觉的方式表达情感，因为我一直以来都在尝试设计可以捕捉某种感觉的服装。"［风格之源：生活、爱与时尚的交织，伊莎贝尔·托莱多（Isabel Toledo），2012年］

# 运用零废弃和可持续设计方法，调查运动和舞蹈的相关性

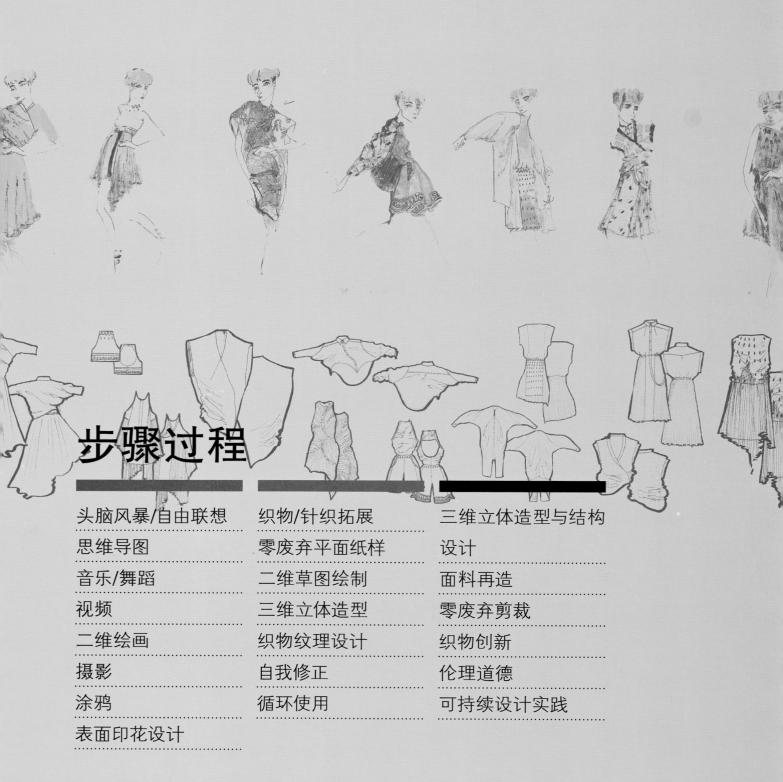

## 步骤过程

| | | |
|---|---|---|
| 头脑风暴/自由联想 | 织物/针织拓展 | 三维立体造型与结构设计 |
| 思维导图 | 零废弃平面纸样 | |
| 音乐/舞蹈 | 二维草图绘制 | 面料再造 |
| 视频 | 三维立体造型 | 零废弃剪裁 |
| 二维绘画 | 织物纹理设计 | 织物创新 |
| 摄影 | 自我修正 | 伦理道德 |
| 涂鸦 | 循环使用 | 可持续设计实践 |
| 表面印花设计 | | |

# 实践：对未来的希冀

## 詹妮尔·雅培（Janelle Abbott）

在本书的第84～第89页，我们看到了詹妮尔是如何通过自我修正的方法使其创意得以拓展，创造出可以表达动态概念的抽象廓型。

### 重塑新廓型与新形态

詹妮尔的最终概念的灵感来源于舞蹈，从字面意义上看，完全脱离了服装的范畴。该设计的廓型就仿佛是一位凝固在时间和空间中的、旋转的托钵僧，服装扭转缠绕着他的身体，有些地方紧箍着，有些地方则松弛悬垂着。比较特别的一点是，詹妮尔的这件超大号服装可以呈现出许多不同的廓型。例如，一条圆裙可以展示出其完整的圆形，超大号的男式衬衫有两个宽大下垂的袖子，创造出了有些扭曲变形的体态。这个服装的款型是宽大和超大号的，上衣沉重地垂坠下来，然后要么缠裹于身体上，要么悬离人体。

詹妮尔本来认为她已经拓展出了独特的视觉语言表达"捕捉动态"的技艺；直到有一次她和朋友旅行、去了一家百货公司，在那里她发现已经有人在调研这个主题。但是，尽管这样，她依然坚持将她的研究向前推进。她拿了一块网眼布和一块较大的平纹布，接着她把网眼布充分拉伸至平纹布的边缘，将其沿着平纹布的四周缝合，这样大一些的织物在下面受到网眼布厚边的限制而起皱。她发现这个技法可以很好地演示出舞蹈动作进行时服装的不服帖现象，但是同样地，这需要参考舞蹈艺术家在做动作时，是否可以在服装滑落之前发现并用手去抓住它。然后，这个技法可以使织物贴紧身体，但是会使材料没有太多的松量。考虑到这一点，她只把这个技法应用在一小部分的服装中。

这个廓型在很大程度上取决于所用材料的重量与品质，一些材料既厚重又密实，另一些材料则柔软而松垂。对于后者，詹妮尔运用了某些地区建筑用漆的涂层来构成或塑造出服装的外形。比如，一条裙子紧紧包裹了躯干，但是下摆却在旋转运动中飘起，于是她在躯干部分的织物上面涂满了涂料，而在下摆部分则涂得更加分散一些。这样会使得服装的外形更加贴合躯干，同时也会使服装的穿着者，在一定程度上，看到和感受到运动动态的"瞬间暂停"。此外，穿着者也可以将他们自己的动作融入服装之中。

## 善于识别设计过程中出现的主题

　　具有统领作用的主题常常会因其单纯和奇特而浮现出来：可以捕捉运动瞬间的动态服装。这一点说明，它对服装的款式和廓型起到决定性的作用，在进行装饰时，它以特定设计过程中所出现的旋风般的气势作为参考。

　　尤其是在思维导图的过程，詹妮尔把她的想法通过多媒体的方式变得更加具体化。通过以开放的心态接纳相关艺术，她打开了从遥远的着装原点思考服装的概念化和创造力的思路：运动、音乐、一瞥及一闪而过的念头。

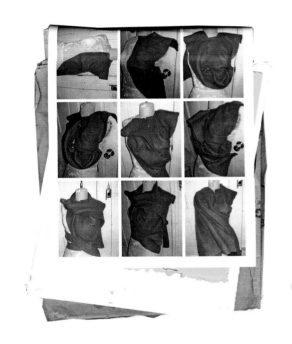

**1/2**
**拓展款式及廓型**

　　詹妮尔的概念核心是可以捕捉运动瞬间的动态服装。这一过程需要很多技艺，包括二维绘画与三维立体造型，这些技艺将有助于设计过程的捕捉。

**3**
**表面技艺**

　　詹妮尔运用最初的笔触图案，表达出她对音乐感受，同时进行服装表面肌理的设计。

**4**
**最终样式**

　　詹妮尔感到动态的创意不断地将她的系列设计向前推进。

## 设计创意、面料及细节的最终确定

詹妮尔将她最终的主题描述为"某一瞬间内的限定空间，各构成要素之间不断斗争、融合，并慢慢找到其内在的统一"。

她特别考虑到了每件服装的结构，她希望每一件单品都可以运用零废弃的裁剪技术（即每平方英寸的面料都被应用于服装产品中，这样生产就没有浪费）。将这样的技术运用到她的设计过程中，就意味着詹妮尔要经常回到服装的概念上来。她将以纸样设计的方式开始设计，在这一过程中，服装就像一个拼图，每一个部件都可以互相匹配。

手绘元素、刺绣、抽象图案与醒目印花相结合、手工编织与彩虹色渐变，在詹妮尔的作品中是常见的主题。在刺绣图案中，最初的笔触被分解成许多明显的线迹。

服装的造型是从主题中的舞蹈部分直接发展而来的，织物的选取与再造所要表达的效果是：虽然是静止的，但要保持运动的错觉。

对于"瞬间动态"概念的表达，编织是有帮助的。詹妮尔将纱线先进行编织再缉缝成为长长的线迹，并将服装彼此撕扯和堆叠在一起，然后再捕捉这种动态的概念。由于一次"意外的染色效果"，她偶然发现了一种全新的工艺。在设计拓展的过程中，她运用到了彩棉纱线，但是后来她又不喜欢了。为了去掉色彩，她运用一种特殊的染色去色剂，虽然没有获得她想要的效果，但是去色剂将编织布样的后半部分变成了蓝色。事实上，这种技术所产生的色彩深浅渐进的效果，正是詹妮尔想要的，在最后的系列中，詹妮尔进行了一些彩虹色效果的再造。

5

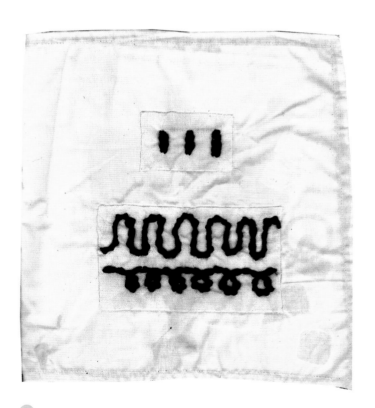

6

7

## 确立自己的语言识别和个性化风格标签

    詹妮尔的个人笃信决定了她的作品的伦理和她的设计哲学。她渴望完全独立地创作,不额外浪费劳动力和资源。

    詹妮尔也非常渴望在她的最终系列与为该系列带来灵感的歌曲之间建立起联系:仔细聆听17分钟的歌曲的歌词和旋律的变化,我感到我需要去思考对未来的憧憬。我希望系列设计可以反映出我对生活的向往:随着未来的发展,我的生活的品质(感情的和精神的)逐渐越来越趋于稳定、平和。而且,我希望他人拥有同样的生活。当他们看到并体会该系列作品时,也能感受到我通过概念化的单品表达出来的希望。

8

**5 / 6 / 7 / 8**

**印花、染色和刺绣小样**

    詹妮尔在她最后的系列设计中运用了许多工艺,包括手绘、刺绣、手工针织和彩虹色渐变。

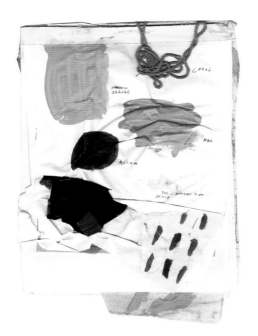

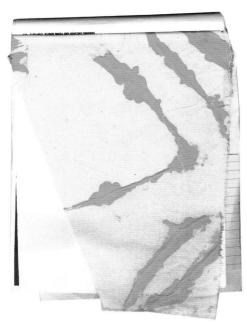

请翻至第20页查看该项目的第一部分(创意),或者翻至第84页查看该项目的第二部分(概念)。

一个从服装设计到展示形式都
可以体现出文化与社会发展进
程的系列设计。

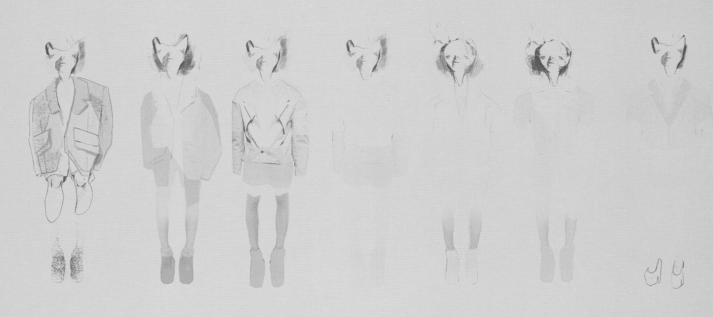

# 步骤

| | | |
|---|---|---|
| 观察研究 | 二维可视化 | 三维结构设计 |
| 叙述 | 流行文化参考 | 头脑风暴 |
| 数字化技术 | 三维解构设计 | 二维/三维可视化 |
| 头脑风暴 | 二维拼贴设计 | 以数字化方式绘制平 |
| 二维草图绘制 | 叙述 | 面结构图 |
| 撰写日志 | 三维立体裁剪 | 二维平面修正 |
| 数字化拼贴 | 制作 | 展示 |
| 展示 | 二维平面纸样 | |

| 第一部分 | 第二部分 | 第三部分 |
|---|---|---|
| **创意/实践** | **概念/实践** | **设计/实践** |
| 6 | 90 | H |

# 实践: 虚拟挪用
# (Virtual Appropriation)

## 梅丽塔·鲍梅斯特(Melitta Baumeister)

在本书第90~第95页中,我们看到梅丽塔如何通过解构一件男士套装将她的概念继续推进,既有数字化的方式,也有在人台上创造的新廓型。

### 重塑新廓型和新形态

梅丽塔建构起来的前两件服装是从一件西装夹克的造型获得灵感的。第二件单品是在第一件夹克造型基础上通过绗缝获得的紧身衣裤。第三套和第四套可以说是相互"复制",因为第四套把一件西装夹克造型的植绒印花用到一件透明欧根纱的连衣裙上;而第三套是把一件衬衫造型的植绒印花用到连衣裙上。

通过对社会发展进程提出质疑,我想要反映时尚圈中的社会问题,为我的作品赋予内涵。

——梅丽塔·鲍梅斯特

## 善于识别设计中出现的主题

　　梅丽塔的作品是对超越服装概念本身的创新。这一创新来自于梅丽塔的设计过程。对她来说，该项目通过它的展示方式得以进一步拓展，这一点很关键——她的设计不只是与服装有关，而是与服装展示的意义与语境有关。

　　梅丽塔始终坚持采用一贯的方法进行设计，她沿着设计进程的步骤一步步发展下来，贯穿整个项目始终。首先，她对她周遭的现实世界、社会问题及事物进行了仔细地观察。为了将她的创意推进下去，她不断对设计概念提出质疑和创新。这对于帮助她理解她所观察到或看到的东西有所帮助。她通过头脑风暴法，寻找可以为她带来灵感、与最初概念有关的关键词。从这些关键词，她采集了许多面料再造的工艺和细节处理的理念。

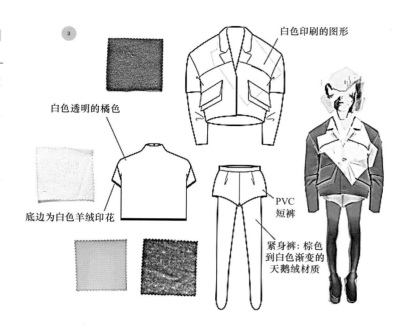

白色印刷的图形

白色透明的橘色

底边为白色羊绒印花

PVC
短裤

紧身裤：棕色
到白色渐变的
天鹅绒材质

## 设计创意、制作及细节的最终方案

在最后阶段，梅丽塔开始运用Illustrator设计软件明确她的设计并重新绘制每一套服装的平面结构图。在将整个系列串联起来的过程中，她必须做出最后的决定，既然整个系列的主体是夹克或类似于夹克廓型的上衣和连衣裙，所以，对于整个过程的推进而言，色彩和廓型的平衡就显得尤为重要。当整个系列串联起来时，如果哪里需要色彩变暗时，她就会选择较长的裤子和紧身衣（因为腿的颜色将会提亮单套服装的色彩）。较暗色彩的服装下半部分应该较少露出腿部，而较亮色彩的服装将会暴露更多的腿部、穿着裸色紧身裤或白色透明的裙子或短裤。

系列设计的关键要素包括：图形、多边形造型。可以表达从明亮、到厚重、强烈和暗色的柔和过度的色彩系列；面料和不同的工艺细节在不同的服装中重复出现。梅丽塔将整个系列进行编排，并将她最终的系列展示于她虚拟的"店铺"中。白天，她用真人模特代替了人台进行展示，晚上，则可以悬挂在挂杆上展示。

在普福尔茨海姆（德国城市），她所居住的小城市，任何改变都会引起注意。梅丽塔发现这个概念如此有趣，于是，她做了一个实验，她在商店橱窗上写出"普拉达（Prada）"。每个住在这里的人都知道那不会是真的，因为这样一个大的奢侈品牌不可能在这个小城市中开店，这个商店一定是仿制的。

梅丽塔将门上"入口"标示替换为对其作品概念的解释，以此向大众传达她的理念。所以，参观者即使不进入商店，也能"融入"这个设计创意中。

当居民经过橱窗并对他们所看到的事物产生怀疑时，都十分惊讶。这个反应是梅丽塔一直所希望看到的；她想对店铺橱窗的真实性与感知性进行挑战，以此作为对虚拟橱窗所反映的现实的一种隐喻。普拉达的品牌名称，与展示的组成部分一样，也是作为隐喻来使用的。

**1 / 2 / 3 / 4**
梅丽塔运用数字化工具将设计中的部分元素进行复制和粘贴，转化成为她系列设计中形象化的样式、创意和色彩。

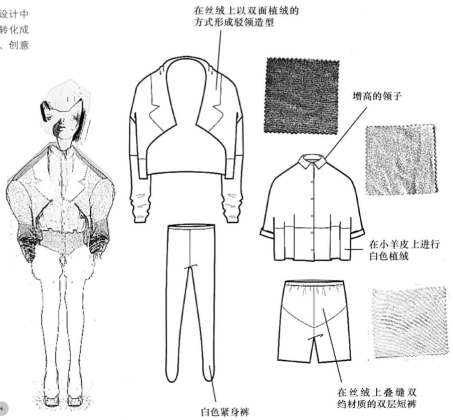

在丝绒上以双面植绒的方式形成驳领造型

增高的领子

在小羊皮上进行白色植绒

白色紧身裤

在丝绒上叠缝双绉材质的双层短裤

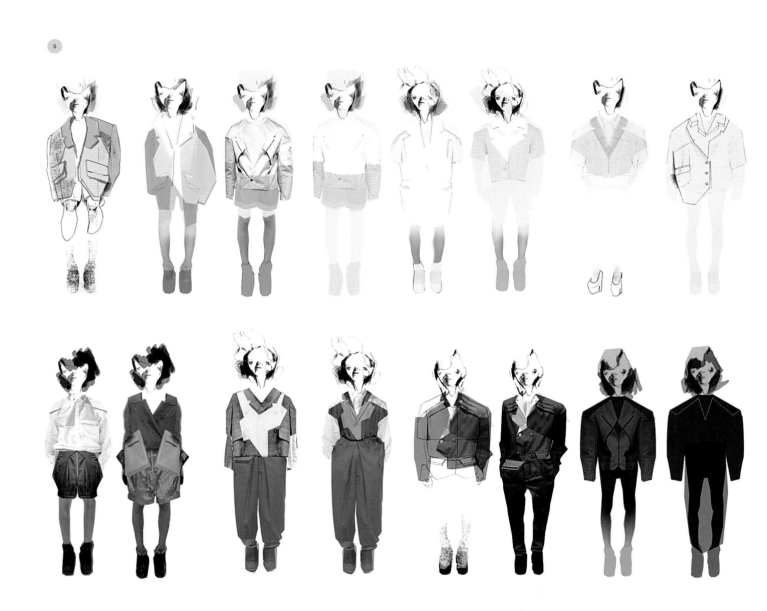

5

**最终的串联效果**

　　梅丽塔的最终系列是由具有图形
效果的多边形造型以及浓烈、黯淡而
柔和的粉彩组成的。

6

## 确立自己的语言识别和个性化风格标签

梅丽塔从概念化的观点着手一步步实现她的设计过程。她试图从她的设计概念中获得一种广泛的视野：通过对社会发展的进程提出质疑，我试图反映/调解时尚中存在的社会问题，并为我的作品赋予内涵。以时尚的方式反映社会就是我的工作方式，同时也是非常重要的一步，因为我看到，时尚始终被看作为是文化和社会进步的一种反映。

7

示空间

梅丽塔把她所有系列串联起来，
将它们展示在自己家乡的一个废弃
店铺中。

装照

梅丽塔认为，她的最终系列反映
了她对社会和文化发展提出质疑的
趣。

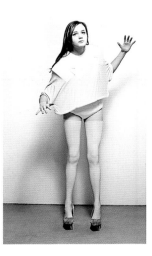

请翻至第26页查看该项目的第一部分（创意），或者翻至第90页查看该项目的第二部分（概念）。

# 基于对皮下组织的调研进行织物创新

## 步骤

| | | |
|---|---|---|
| 二维可视化 | 二维可视化 | 自我反思 |
| 叙述 | 三维立体造型 | 织物创新 |
| 织物探索 | 二维平面纸样 | 三维立体造型 |
| 手工艺 | 印染工艺 | 可持续设计实践 |
| 刺绣 | 织物肌理设计 | 工艺 |
| 针织 | | 合作 |
| 数字化技术 | | 手工艺 |
| | | 时尚大片 |

约瓦纳·米拉拜尔的"神经幻象"

**161**

第一部分
**创意/实践**
2

第二部分
**概念/实践**
96

第三部分
**设计/实践**
H

# 实践: 神经幻象

## 约瓦纳·米拉拜尔 (Jovana Mirabile)

在本书第96~第101页,我们看到了约瓦纳如何研究缪斯的概念,如何运用新技术进行试验,以各种不同的色彩、肌理和图案创造出从头至脚的完整形象。

### 重塑新廓型和新形态

就廓型方面,约瓦纳已经获得了一个清晰的形象,在本阶段,则进入了一个线性拓展的过程。约瓦纳在人台上用最终面料进行立体造型,以此来捕捉覆盖于人体上的印花、图案和肌理的创意。(对常规的设计过程而言,该方法是非典型的,常规设计过程中会采用白棉布或白坯布进行操作来避免错误。)在这一阶段中,不包含纸样裁剪。将草图和三维概念的拍照作为整体造型的引导,因为面料决定了廓型的方向,所以,这个有机过程会随时发生变化。

**1**
在人体上运用针织面料进行立体造型设计

通常情况下,约瓦纳会在人台上使用最终面料进行立体造型设计。

## 善于识别设计过程中出现的设计主题

设计师在自己的作品中识别出好的设计是很困难的。通常,最好是找一些你信任的人对你的设计进行评价——这些人可以客观公正地指出最强烈的概念。向他们提问并试图理解为什么一个创意发挥了作用而其他的则没有。不要只是一心顾着你的进程,而没有停下来对它加以理解和评价。

设计过程本身会自然而然地决定一些主题的出现,这也是一个对设计过程进行反思和评估的好机会,同时可以识别出存在其中的设计主题。这代表了自我反思的第二阶段。当设计过程呈线性发展时,主题就会变得十分明显;而当设计过程太过随意时,主题便不明显,需要更多思考才能界定。在约瓦纳的案例中,设计主题贯穿始终,同时织物创新在设计拓展阶段起到引领作用,而三维立体造型对整个过程来说则是必不可少的。系列作品充满柔和的、极富结构感的造型,并通过强烈的色块和极富冲突感的印花、色彩和肌理加以强化。

就共同的设计责任而言,对可持续性的关注不断增长;它不再是只一种潮流,而是作为一种生活方式被人们所信奉。对于约瓦纳,这是她设计过程最终阶段的核心工作。最小限度的废弃成为贯穿整个系列、服装结构设计环节不可或缺的部分。在被允许的范围内,从搭配的打底裤到礼服裙,全都省去了侧缝。空气染色技术(AirDye,一种无须水的染色加工技术)可以通过对立体面料和印花面料进行双面印花,可以免除衬里的使用,通过服装的两面穿着使服装的选择范围最大化。

技术的影响贯穿了设计过程的三个阶段,而且在最后阶段体现得最为明显,在最后阶段,约瓦纳使用在黑暗中可以发出荧光的线进行试验,用它来作刺绣装饰。在最后的定装照中,运用这项技术,体现了最初的缪斯的创意。在这里,我们看到约瓦纳创意概念在实现过程中,通过将她个人的想象力和见解带入其中而不断充实和具体化。

## 确定设计创意、制作和细节的最终方案

在这个阶段,从对该系列视觉效果的强调来说,搭配配饰起到了非常重要的作用,而且可以进一步体现风格化的效果。约瓦纳很荣幸地成为获得意大利帕多瓦鞋类工艺学校(Shoe Polytechnic in Padova, Italy)资助的八名学生中的一名。最终,她设计的两款鞋子以三种不同的色彩生产出来,同时印花设计被用作袜里的图案。除此之外,约瓦纳手工制作的百搭包则使用了色彩鲜艳的亮皮、印花布、手工装饰和施华洛世奇水晶。为了获得最终的设计效果,也可以利用这些水晶进行原创的首饰设计。在这里,我们再次看到合作可以为提升设计师的视觉效果提供机会。

既然织物拓展是服装设计进程中本质核心的部分,因此,从一开始就要确定面料的设计方案。空气染色技术(AirDye®)印花与山羊绒和针织提花,共同构成了该系列的核心内容。施华洛世奇水晶元素(Swarovski Crystal Elements™)的额外资助,就使手工刺绣工艺进一步对关键廓型和领形线起到装饰作用成为可能,同时与荧光线刺绣一起,共同对这样的工艺予以强调。

**2**

**空气染色技术——两面穿夹克和萨里娜(Sarina)裙**

空气染色技术使得服装两面穿着成为可能,可以节省剪裁,减少浪费。

**3**

**繁复的手工针织在逆光中绚丽夺目**

在约瓦纳设计进程的最后阶段,不断尝试各种新工艺。在这里,她使用黑暗中可以发出荧光的线作为刺绣装饰。

**4 / 5**

**扎尼亚包(Zania Bag)和安娜丽莎鞋(Analisa Shoe),空气染色印花材质**

搭配配饰是约瓦纳系列设计的视觉效果呈现的关键。

**6 / 7 / 8**
**刺绣小样拓展和施华洛世奇装饰**
**（细节）**
手工刺绣工艺强化了约瓦纳系列
设计的视觉效果。

**9**
**充分体现的缪斯**
约瓦纳对于浓烈、鲜明的色彩以
及印花与肌理的混合使用情有独钟，
这使她的系列设计充满了年轻、现代
的感觉。

## 确立自己的语言识别和个性化风格

新晋设计师通常会努力确立他们的审美趣味。实现这一点的最佳途径就是评估自己的长处——不要试想着取悦于所有人。有时，设计师可以通过模仿其他设计师的审美趣味来获取快捷的成功，这样做是永远不会奏效的。你需要找到你自己的声音，做真实的自己，认识你是谁，倾听你所收到的反馈信息中前后一致的部分。

优秀的设计代表了设计师的精神；它的真实感是不容复制。约瓦纳对色彩、织物和肌理的热情及密切关系在她的风格和审美趣味中体现得非常明显。对她来说，总是越多越好。浓烈、鲜亮的色彩以及印花、肌理与装饰的强烈混合，都是她设计过程的主要语言，同时也催生了年轻现代的态度和消费者。

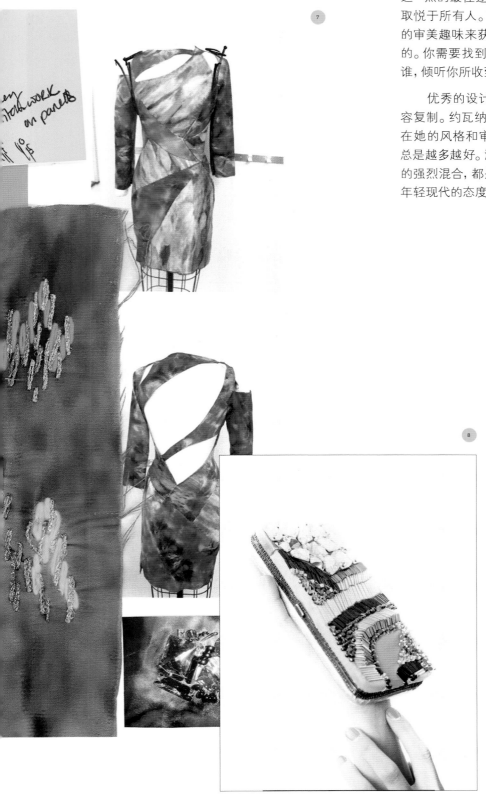

翻至第32页查看该项目的第一部分（创意），或者翻至第96页查看该项目第二部分（概念）。

## 重塑传统手工艺，创造新的织物和服装

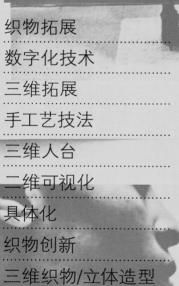

# 过程

| | | |
|---|---|---|
| 调研 | 织物拓展 | "针织"织物拓展 |
| 二维可视化 | 数字化技术 | 具体化 |
| 面料再造 | 三维拓展 | 三维立体造型 |
| 手工艺技法 | 手工艺技法 | 拍照 |
| 具体化 | 三维人台 | 时尚大片导向 |
| 三维数字化立体造型 | 二维可视化 | 二维可视化表述 |
| 平面结构图 | 具体化 | 拍摄短片 |
| 三维立体造型 | 织物创新 | |
| | 三维织物/立体造型 | |

# 实践：针织与褶裥

## 杰·李（Jie Li）

在本书第102～第107页，我们看到了杰如何进一步拓展她的手工技艺，在人台上创造出新的服装。

### 重塑新轮廓和新形态

杰更喜欢在人台上工作，随她所愿地进行廓型拓展。在这种情况下，她选择自己最喜欢的针织样片，并把这些样片直接放在人台或真人模特上进行立体造型。在最后的阶段，杰用棉絮填充来创造更多的体量感，同时通过YouTube视频教授自己针织技法。她使用巨型棒针创造出一种三维立体的风貌。

在这一阶段，她用雪纺、欧根纱和棉布进行了很多面料试验，每一次她都会在人台上放置不同的布带，或直接在真人模特身上工作，决定她将选用哪种工艺。她最终创造出了由层层叠叠的堆叠褶裥构成的"面料"。织物的类型和厚度决定了褶的数量：棉布有三道褶，欧根纱有四道褶，雪纺有五道褶。随后，这三种织物融合在一起。

由于褶的体量感，杰不得不在某些情况下用她的双手拉拽布带。她测试这些面料，看看哪些可以翻转过来然后裁去一部分褶裥，在必要时使作品更显轻松。

基于以上做法，杰先拓展出一个廓型，接下来再为下一件单品催生出更多创意。她以这种线性的方式向前推进，创造出各种变化，从一个单品催生其他单品的变化拓展。她更关注的是，在整个身体比例中，这种变化拓展所居的位置。

**1**
**在人台上进行立体造型和创作**

　　杰不断在人台或真人模特上进行面料试验，如雪纺、欧根纱和棉布等。

**2 / 3**
**试验与试衣**
　　随着她创意的发展，廓型开始变
得越来越清晰。

**4 / 5**
**服装细节**
　　当杰把其中一件服装平放在工作
台上，她发现它看起来像一只飞蛾，
这个发现激发了最后定装照的灵感。

## 善于识别设计过程中出现的设计主题

对于杰的设计方法而言，手工艺技法是最基础的，所以这个主题对她来说是一个完美挑战。杰以三维立体的方式工作，对她来说，设计的推衍变化是在制作过程中出现的。她总是无法提出驱使她的设计向前推进的具体设计概念，除非当她偶然发现有趣的事物［如莉迪亚·赫特（Lydia Hirte）的图片，触发了她拓展并制作属于她自己的创意。］

译者注：莉迪亚·赫特来自德国，作为一位艺术工作者特别喜欢有动感的线条，擅长用纸的艺术家。她通过试探性试验控制线条去创造出特别和新颖的形态。莉迪亚的作品外观扭曲产生动态的效果，同时仍然存在轻盈和柔韧的感觉。

## 确定设计创意、制作和细节的最终方案

杰项目的基础是新型织物本身的创新，这种创新成为她的设计方法的基础，贯穿设计进程始终。它也驱动她的设计不断发展，并建立起廓型。

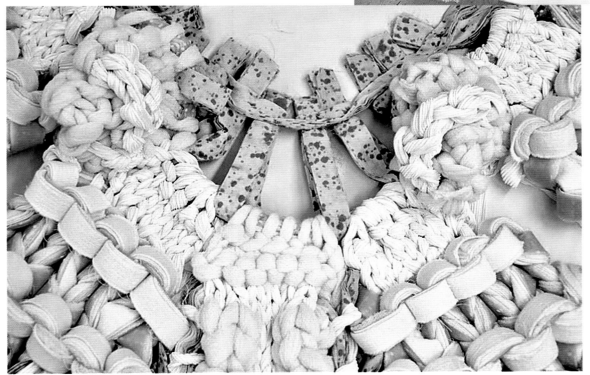

## 确立自己的语言识别和个性化的风格

　　在她的设计过程中，杰的主要手法是手工艺技法、面料再造，与技艺和三维立体裁剪的密切关系成为她进行设计的特定方法的核心组成部分。但是在设计进程的最后阶段，杰自己完成照片的拍摄，另一个重要特征浮出水面。

　　当杰将她其中一件服装平放在桌子上，她发现这件衣服看起来像一只飞蛾。后来，在拍照过程中，模特脸上呈现出愤怒的神情。杰意识到她需要指导，并联想起飞蛾的情景。这启发她编出一个故事来激发模特的灵感。"我告诉她假想她是一只飞蛾，双翼残破。她尝试艰难地起飞，就像一只蝴蝶，但是有时她发现这种尝试如此艰难，这让她很愤怒。"杰告诉摄影师要创造出令人联想起电闪雷鸣的怀旧感，他们准备了一只巨大的风扇来制造风。杰继续指导模特，创作了一系列小插图，稍后用这些小插图创造出一个短小的叙事电影，即模特站在一个地方尝试飞翔。

　　最后的手法是独特的，也同时说明了创意的自然产生；它们什么时候出现，它们如何被利用并以及如何创造视觉效果。杰在平凡的瞬间之间建立联系（衣服被平放在桌子上），这种联系创造出视觉创意，稍后她把这个创意运用到照片的拍摄和对模特的指导上。其结果是将一个概念以一种充满诗意的可视化故事进行呈现，这一点直到最后一刻才出现的。

　　杰的作品短片可以在该网站中看到：
www.vimeo.com/28635269

**6／7**
**定装照**
　　将衣服平放在桌子上看上去像一只飞蛾，杰要求模特扮演一只飞蛾。这最后一刻产生的创意获得了成功。

请翻至第38页查看该项目的第一部分（创意），或翻至第102页查看该项目的第三部分（设计）。

# 以持久性和适应性为设计初衷的功能性单品设计

# 过程

| 视频 | 解决问题 | 自我反思 |
|---|---|---|
| 二维草图绘制 | 平面结构图的绘制 | 日志 |
| 头脑风暴法 | 视觉营销 | 最后修正 |
| 列出清单 | "单品"设计 | 二维造型 |
| 日志 | 设计修正和研究 | 针织服装拓展 |
| 织物拓展 | 织物拓展 | 平面草图绘制 |
| 色彩 | 日志 | 制作 |
| 廓型 | 故事 | 最终的二维展示 |
| 定制 | | |

# 实践：成长与衰落

## 安德莉亚·查奥（Andrea Tsao）

### 重塑新廓型和新形态

在该项目中，安德莉亚的所有工作都是通过二维可视化的方式完成的。在最后阶段，她将平面工艺图转化到实际的人台上进行设计。结果，她的设计慢慢变得越来越精致，而且她创造出了一种更协调的感觉。她没有将无用的草图擦掉，而是将所有草图保存起来，无论是精心的或者潦草的设计，都可以使她进一步理解那些对的或者不对的设计，并且重新绘制草图去解决所有悬而未决的问题。

她将高兹沃斯的重要作品贴满她的草图的四周，写下便签，标出列表和提示，连同她发现的与之相关的文字。她再一次用非常有序的方式工作，继续她初始的线性工作方式。

这是一个很好的设计过程的案例，表明设计过程从始至终连贯一致。安德莉亚一开始就有条不紊，收集调研素材，采集图片。她主要通过二维形象化的形式，在设计过程的每一个阶段都创造出一个故事。

### 善于识别在设计过程中出现的主题

现在她的概念已经确定了，安德莉亚决定采用多种方式从美学的角度诠释其概念。她运用抽带，可以同时体现出充满戏剧感的持久廓型、脆弱而又具有攻击性。

在略显阳刚的廓型中，镂空和抽带强调了持久性的概念。并不是有意表达性感，镂空表现出更多的脆弱性而非性感。自然色彩系列中运用运动细节。舒适是重点，同时要不断思考具有持久性、终生可穿的服装。

一个带有接缝细节的"悬离人体"的廓型呈现出来。这使得服装具有了更多运动的可能性，同时可以考虑在一件服装中运用肌理再造与面料拼接，虽然这看上去有点偏向T台展示，但是如果单独穿，或者不作为一个整体风貌穿着时，设计也可以表现得更成衣化一些。

对于消费者而言，选择的灵活性和范围是安德莉亚考虑的核心问题，并且是其设计中一直铭记于心的东西。如果把她的服装穿搭在一起，就拥有了更前卫的T台时装的魅力，但是单独购买，它们就转变成更广泛的客户群所寻求的特定单品了。

/2/3/4/5/6
手绘本
　　安德莉亚通过她的手绘本有条不
紊地工作，草图绘制、简洁化处理，
并最终将重要单品以单色平面结构图
的形式绘制出来。

## 确定设计创意、制作和细节的最终方案

　　对于安德莉亚来说，在这个最后的阶段，对其客户和审美给出明确的定义是很重要的。她将之明确界定为"假小子"女性，灵感来自于运动风格的服装和天然纤维，安德莉亚想象她的顾客具有爱冒险的精神，同时兼具有她自己的个人风格特点。她想象着这样的女性很注重潮流并喜欢从年轻设计师或时装市场购买服装。但是最重要的是，安德莉亚察觉到她的顾客都非常关注细节："她想要穿上我的衣服，因为我的衣服会让她感到舒服，并且使她看上去更像她自己。服装是她的一种表达方式，表达出她自己的感受或者她希望获得的感受。她拥有一种都市情调以及一种对古董和古怪东西的热爱。"

　　安德莉亚创造出她自己独有的具有大地色调的机器针织，同时还开发出三维刺绣肌理，进一步增强美感并对系列主题起到支撑作用。

　　沿着她前面设计过程中"单款"设计的思路，安德莉亚将她的关键单品以单色平面结构图的方式绘制完成，使每一件单品在组合成整体风貌之前可以看得更清楚。这个过程，对有些设计师而言，会起到很好的作用，他们把系列中的单品看作是组成整体的多个部分；但是对另外一些设计师而言则相反，他们则以系列中的每一件单品为主进行工作。

　　色彩基调充满了秋天浓烈的色彩感觉，面料为棉、尼龙、绒面呢和灯芯绒，此外还在机器针织和手工针织中增加了图案和肌理。增加红色和灰白的麂皮可以增强设计特色。

7 / 8
最终的针织和刺绣小样
　　色彩基调是秋天的感觉，辅以浓烈的色调和天然纤维。

## 确立自己的语言识别和个性化的风格

总体来说，安德莉亚的系列色彩绚丽而且采用定位印花，重点在于体现层次感和视觉营销(后者是起决定作用的)："如今，奢侈单品应该成为每一盘货的主流商品。也许牛仔夹克不再是美国人的主流商品；也许带有可拆卸针织袖子和腰部抽带的尼龙帽衫已经超越了牛仔夹克。作为一个消费者，我承认它很耐穿，很现代，并且关注设计细节(这就是为什么它要花400美元！)一件毛衣、一条牛仔裤，一件牛仔夹克已经不再是每一个衣橱中的主流单品了。如果一个系列可以进行很好的推广，那么具有氛围营造作用的独特单品也会同时兼具可穿性和可搭配性，也会变成新的主流商品。"

安德莉亚想为她的顾客提供可长期穿着的单品。她试图通过讲述当季的故事来为每一件单品营造购买欲望："我的审美是在不断发展的，而且伴随着每一次系列设计的成功与失败，我从我顾客的认同中获得越来越多的磨炼。我的设计哲学体现在对细节的关注和以乐观手法表达服装。乐观体现于色彩感觉、装饰、印花和肌理，以及穿着者穿着服装的感受。"

她斟酌着"奢侈"的概念，它属于造型还是制作，还是两者兼有？安德莉亚哲学的核心理念是人们会为获得某种感受而付费的，而且服装可以展现他们的个性，并且为他们提供机会，向这个世界表达他们是谁。

安德莉亚深信现在的女人真正需要的是舒适和休闲的服装(而且她所服务的客户可以体现这一点)，采用令人感到愉悦的面料、色彩、图案来表现细节和功能性。表面装饰为休闲服装赋予附加值。她热衷于刺绣、珠饰、面料再造、印花及手工艺的品质感。同样，她也感受到回归手工艺、关注细节的需要。这就是为什么在她的系列中装饰手法显得尤为重要，她运用肌理和针织来营造一种感官反应："我的系列总是关注单品(上衣、夹克、裤子等)。"此外，这与穿着者的衣橱及其所具有的功能有关。她的夹克完美到适用于多种场合，是一件可以将可穿性最大化的服装。我明白一件引人注目的单品的重要性；我的许多服装都是非常适合T台展示。这种并存关系源于我对繁复和夸张的热爱。我的服装大都是以一种复杂的方式进行造型，利用不同服装的层次感创造出镂空的效果。例如，可以看到在半透明背心下搭配带有许多细碎尖角的门襟，或者一条印花裤子搭配一件印花上衣。她过去也曾经为了在成衣化和T台展示效果之间寻求很好的平衡而纠结，但是，近来，因为我可以较为轻松地设计许多单品，所有这些问题已经不复存在了。我的很多设计理念如泉涌般地体现在手绘本中，但是结果有可能是，这些煞费苦心的概念会毁于过度设计和失去重点——因此，要想使设计概念的诠释在成衣化和T台展示效果之间取得平衡，还需要一段很漫长的过程。

**9 / 10**

**最终的效果图**

　　安德莉亚认为，她的最终系列成功地表达了女性从她们的服装中获得的东西：舒适、价值和功能性，同时还与细节、色彩和印花相结合。

请翻至第44页查看该项目的第一部分（创意），或者翻至第108页查看该项目的第二部分（概念）。

## 借助于针织工艺的创新将平面图形转化为三维立体的廓型

# 过程

二维/三维可视化 　风格特色 　二维/三维修正
拍照 　二维修正 　三维草图绘制
三维重构 　三维立体造型 　三维针织/肌理创新
三维立体造型 　二维草图绘制 　三维立体造型
三维样式/形态 　织物/针织拓展 　三维构建
　二维可视化 　色彩/制作
　拍照 　针织工艺拓展
　数字化技术 　时尚大片拍摄
　针织创新

# 实践：错视
# （Trompe L' Oeil）

## 萨拉·博-约尔根森（Sara Bro-Jorgensen）

在本书第114～第119页，我们看到萨拉是如何将平面图形放在人台上进行试验，运用到了很多不同的织物和肌理。

### 重塑新的廓型和新形态

这一阶段首先对萨拉到目前为止的拓展进行评价，并且明白为什么，下一步该怎么走，如何进一步推进及提取什么。她画出了她的设计理念、款型和工艺的粗略草图。

萨拉通常先设计织物，然后再根据特定的织物来寻找适合的廓型。她拓展编结工艺，然后运用编结布样披挂在人台上寻找款型。例如，在对风衣进行拓展设计时，她设计了面料但不想破坏图案，因此不得不将外形设计得非常简单，可以最大限度地保留图案的完整："我认为在这一点上，我的确和大多数的设计师有很大差异，他们通常会倾向于先确定廓型，然后再根据廓型寻找面料。"

随后，萨拉选择能够对系列设计有用的草图。她选取那些面料和样式都能体现出美感的款式，然后把它们并排排列。然后，她进入到了一个漫长的、聚焦草图绘制的阶段中，这一次的关注点则集中在细节上。这包括改变口袋的位置、将工艺推进至编结图案等细小的方面，直到她得到合适的效果，将丝绸薄纱流苏上下移动，直到它们在服装中找到精准的位置。

在设计进程的最后阶段，将系列设计连贯起来，可以从根本上发生改变。在这种情况下，其顺序将会影响到萨拉挑选哪一款作为结束，因为所有廓型将来都要在T台上彼此影响。她的目标是希望这些样式看起来彼此关联，既不完全一样也不会差别太大。这的确是设计师处理各种各样问题的一种巧妙的平衡做法。一些设计师会通过各种不同色彩的复制串起整个T台展示，而另一些设计师则会通过彼此协调的不同廓型串起整个系列，这种方式则是一种更为商业化的做法。

**1**

聚焦于款式和比例的草图。萨拉通过草图绘制来寻找可以使系列彼此作用的设计元素。这意味着款式、比例和后续的细节设计之间要相互匹配。

**2**

**初期坯布样衣试穿，棉针织面料**

当在人体上进行1：1比例的设计时，萨拉可以清楚地看到哪些设计有效，哪些没有。

**3**

**使用最终材料制作最后的坯布样衣**

萨拉最终的系列设计以原色和深色为主色进行表现，也很女性化，将轻薄面料与厚重的编结工艺结合在一起。

**1**

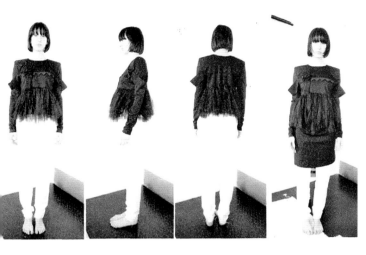

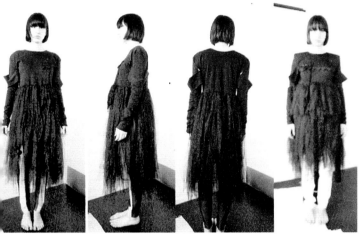

## 善于识别设计过程中出现的主题

　　在制作服装之前，萨拉选取了最终的设计方案并开始用白坯布做服装。当她看到以1：1的全比例将设计穿在人体上时，一切都变了。她能清楚地观察到哪些设计有效，而哪些设计没有，以及服装的比例正确与否。在草图中，比例往往看起来是完美的，但是一旦转化成为真实比例，就会错误百出，而比例就需要调整。

　　开始时，学生们的错误常常会出现在绘画阶段，并不是在设计环节。这两者之间存在着巨大的差异。当从草图进入到结构阶段，需要接受现实检验的打击。在草图阶段，捕捉姿态、人体和造型是比较容易的，而对真正的设计视而不见，但人体现实的比例对此将带来影响。突然，在草图上成立的设计在现实中无法实现，所以，就必须要做出调整。

　　从草图转化为实际服装的拓展过程是一个重要的阶段，显示出设计过程本身的整体性。正是在二维与三维的交替实践（中间地带）中，才能获得好的设计造型。

　　一个设计师的草图和他所做的成品完全精准一致是不现实的。实际上，能够区分一个设计师与精准诠释设计师草图的工艺制板师或样衣工将会是很有好处的。在设计拓展过程中，草图仅仅是开端而不是目标——是这一过程的第一步，通过它可以揭示设计推演过程中的各种不同变化。

　　在萨拉的设计过程中，她在二维视觉化呈现和三维实现之间徘徊了许久。她总能发现这一过程中的每一步对下一步带来的影响，并可以引出新的结论。在这个项目中，她进入到二维和三维不断循环往复转换的节奏中，直到她获得想要的款式和比例。

## 设计理念、制作和细节的最终确定

　　萨拉从照片着手进行研究，为她确定黑白色系并为系列设计织物与纱线的选择带来启发。她需要一些具有非常强烈对比效果的材料来表达她的主题，她挑选了轻薄的丝质薄纱来创造明亮而梦幻的感觉。同时，图片还体现出适度的透明感、怀旧的光感。一种厚重的、黑色的、闪光的丝质纱线可以为她的针织单品带来稳定的结构，而且，当运用于服装的较大区域中时，可以创造出像三角形这样的针织图形。皮革的使用为系列设计赋予了沉重感，亚光的表面，就仿佛在照片中看到的阴影区域一样。运用莱卡进行针织提花可以创作出带有图形图案的紧身贴体的服装，通过编织与尺寸定制可以更好地适合人体。

## 建立你的语言识别和个性化风格

　　萨拉形容她的设计与关键细节在一起共同体现出既原始又黑暗，同时也很女性化的设计美学。通过每一件服装中共同展现的箱型造型及服装上常出现的原始饰物、图形图案和金属刺绣、多层次和多细节以及精美的材料和各种不同的针织工艺，对这样的设计美学进行充分的说明。

**4 / 5 / 6 / 7 / 8**
**最终的时尚大片**
　　她最终的时尚大片强化了课题初期所构想的黑白色调。

请翻至第50页查看该项目的第一部分（创意），或者翻至第114页查看该项目的第二部分（概念）。

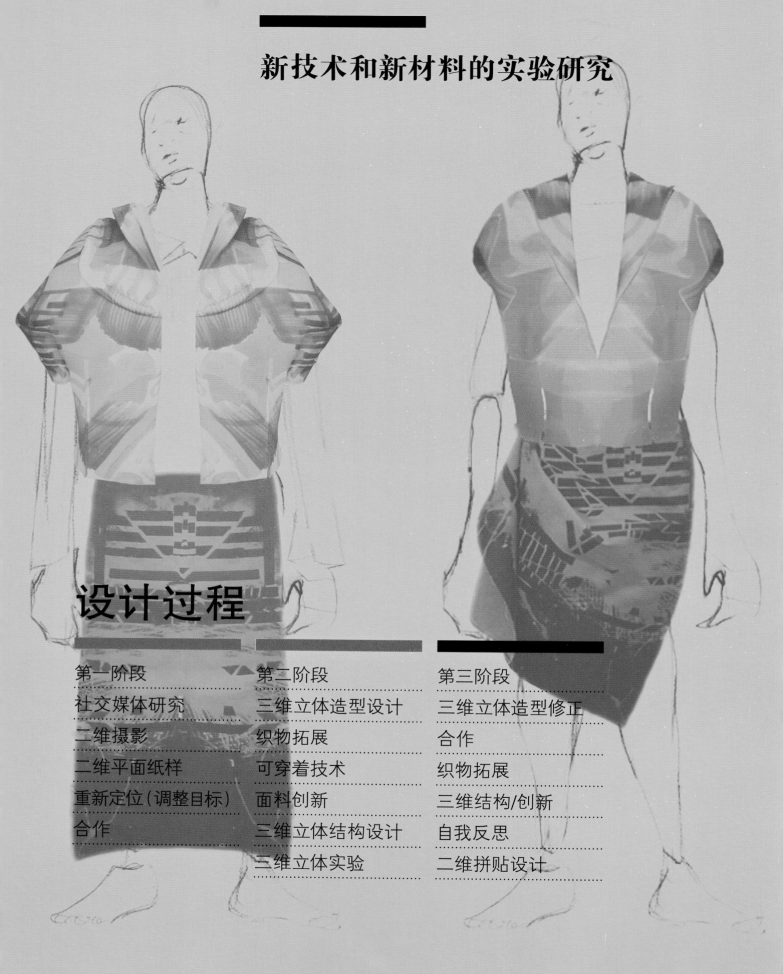

# 新技术和新材料的实验研究

# 设计过程

| 第一阶段 | 第二阶段 | 第三阶段 |
|---|---|---|
| 社交媒体研究 | 三维立体造型设计 | 三维立体造型修正 |
| 二维摄影 | 织物拓展 | 合作 |
| 二维平面纸样 | 可穿着技术 | 织物拓展 |
| 重新定位（调整目标） | 面料创新 | 三维结构/创新 |
| 合作 | 三维立体结构设计 | 自我反思 |
| | 三维立体实验 | 二维拼贴设计 |

# 实践：光绘
# （Light Painting）
## 莉亚·门德尔松（Leah Mendelson）

在本书第120～第125页，我们看到了莉亚如何运用一种"泡沫材料"进行造型的推衍，并将她从照片中获得的图形转化为绘画，并运用到织物和立体造型中。

## 重塑新廓型和新形态

在这个设计过程的阶段，莉亚的挑战是考虑如何运用光线进行"立体造型"，并且如何用她自己的方式将这个元素应用到廓型和造型中。她的目标是创造完全原创的廓型和造型，这个廓型和造型是在已经做好的服装基形外部进行的。她作品中的原创性是非常重要的，原创的动力不仅来自于她创造出逼真效果的主观愿望，而且还来自于与她所期望或者预想的效果完全不同的概念。关键是试验："如果某些东西对我来说是原创的，那么它应该来自于发现。这种发现是我在开始设计时所无法预知的。从实验中获得的原创理念，就仿佛故事的结局一样。你读一个故事时，不知道下一步会发生什么，但是每个文字和章节都提供了可以得出结论的有价值的信息。你常会因为已经知晓了结果而不想继续读下去，而你会因为不知道但却想知道而读下去。这就是我的设计方法；就像一个实验和一个故事。"

在这种情况下，受光绘支配的廓型并没有遵循任何的物理规律。这既是一种礼物也是一种折磨，因为设计过程本身就表现出了完全的原创性，但是廓型既不是以真实存在为基础的，也没有与任何现有的传统三维立体造型手法相关，而是围绕着无固定形态的光绘廓型，无限多种设计方案浮现出来。在该项目中，莉亚面临着海量选择的挑战。不断修正是关键。从一开始到最初的照片拍摄，当她知道她必须找到一种设计方法，从试验中获得三维立体的和"真实"或"具体"的事物时，她就明白了这种做法是正确的。

这个解决办法是莉亚从诸多的选择中获得的，也是她最喜欢的。这也是她所能想出来的最终想法。她已经尝试了几种不同的设计方法，所有方法的失败换回了最佳的解决方案。为了获得完美效果所进行的调研经常会带来不满意的结果，但是，通过这个过程，她学会了重要的一课：没有什么是可以浪费的。莉亚做了大量调研和工作去探究这个项目的可能性，这些调研对于她的学习具有深远意义，正是因为如此，她的其他几个课题也因此受益。

对我来说，如果某个事物具有原创性，那么它应该来源于发现。当我开始进行设计时，它就成为那些我所无法预知的事物。

——莉亚·门德尔松

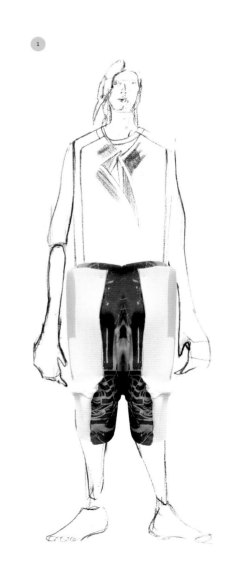
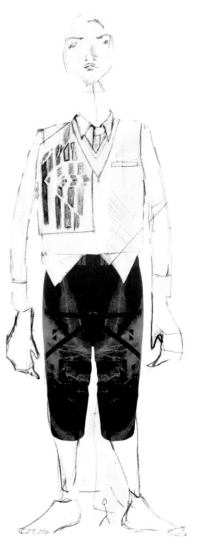
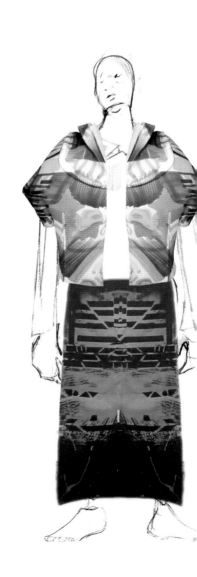

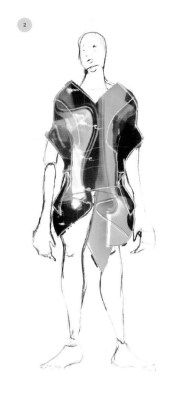

## 善于识别设计过程中出现的主题

在莉亚的课题中，始终不变的重点是她对原创的纸样剪裁和织物拓展的强调；这两者都对她的设计起到了推进作用。在调研阶段，她从各种各样素材中汲取灵感，显现出极强的能力，而这一才能常会以抽象的形式表现出来。该课题很好地表达了这个过程，并且清楚地展示了莉亚开放的心态，这样的心态可以使她在任何既定的进程去探索发现。

## 设计理念、制作和细节的最终确定

在这一阶段，莉亚需要聚焦裤装和裙子的拓展，这样就可以与三维拓展阶段获得的多款上衣进行搭配。她喜欢运用斜纹布做设计并对具有代表性的牛仔裤给予重新定义。她再次转向织物拓展，但是只有有限的时间和原料。她决定使用容易获得的家用漂白剂，并运用透明胶带制作出她自己的图案模板。最初，她制作出了几种生硬的模板，但是她很快发现，滴洒、喷洒漂白剂可以创造出更随机的图案。图案模板造型的灵感来源于运用胶带方法本身的生硬感觉。她希望泡沫织物（空气层）的曲度、有机造型具有对比效果，而且还想使斜纹布具有"更硬朗、更具街头装束"的犀利效果，并以此与上身的柔和线条形成对比。

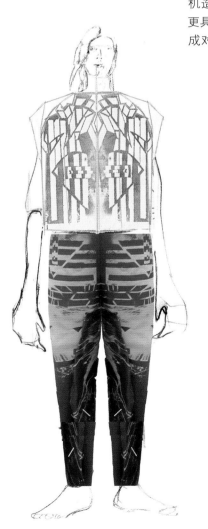

**1 / 2**
**将最终设计串联起来**
    莉亚运用斜纹布与泡沫（空气层）织物的曲度和有机造型形成对比。

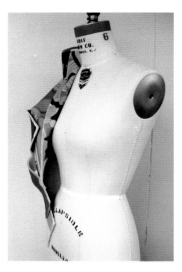

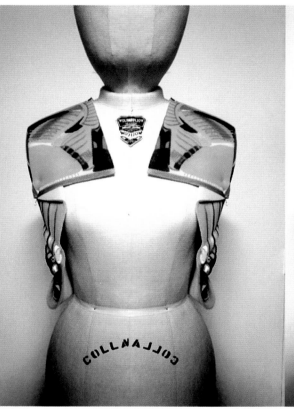

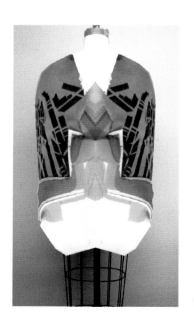

**3 / 4 / 5 / 6**

**最终的设计**

莉亚最终的设计被穿着于人台上。从光绘摄影获得的原创图像成为设计的核心，并贯穿她的设计主题。

## 建立你的语言识别和个性化风格

莉亚常会通过对一种陌生的艺术形式或者媒介进行试验来创作原创艺术作品。衍生的项目会为她提供不同的视角和方法。正如前所述，新晋设计师需要尽可能多的拓展他们的设计技能，而自我反思则是非常有价值的品质。了解你为什么做某事，可以揭示出你做设计的方法本身的关键所在，同时，也因此可以使你更成功地拓展未来的创意和概念，正如同你围绕着你的作品所进行有关主题的反思一样。

对于莉亚来说，设计过程与最终结果一样重要。事实上，因为最终结果中包含了全部设计过程，而设计过程本身传递出她所试图获得的原创设计。

这就是一个独特的方法，包含了随机的工作方式，这一点与井然有序的线性的方法形成鲜明的对比。但是，这种方法的非常个人化的特性显露出其自身的挑战：绝佳的修正能力是最重要的。在规定的期限内，设计者需要围绕着一个季节性的时间表递交产品。这一点对于时装设计师来说，也许是最大的挑战之一：我们不仅仅是创造艺术，更需要面对时尚生意的需求，这一点往往是无情的。

对于莉亚而言，该项目围绕着她的设计方法提供出了通用的思路：但是无论她从哪着手，她的拓展都显得有些复杂且非常个人化。

她对生活的乐观见解也体现在她做设计的方法中："我认为乐观主义是设计师的共同品质，尤其时装设计师。时尚反映（并引导着）社会，同时，也不断自我更新；这是最适当表达时代精神的媒介形式之一了。"

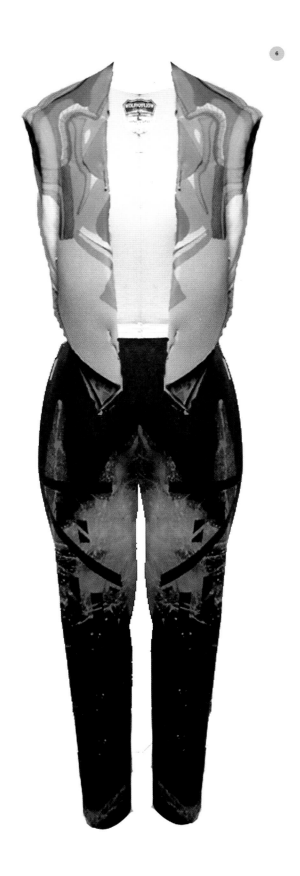

6

请翻至第56页查看该项目的第一部分（创意），或者翻至第120页查看该项目的第二部分（概念）。

悬离于人体之外的柔和而悬垂的廓型。

# 设计进程

| 第一阶段 | 第二阶段 | 第三阶段 |
| --- | --- | --- |
| 可视化研究 | 三维立体创新 | 二维视觉呈现 |
| 二维视觉化呈现 | 二维草图绘制 | 二维/三维立体造型 |
| 三维概念 | 三维立体造型设计 | 设计 |
| 观察研究 | 实现及物化 | 三维立体拓展 |
| 叙述研究 | 三维立体精准裁剪 | 将二维草图串联起来 |
| 三维立体结构设计 | | 时尚大片拍摄 |

# 实践：张拉整体（Tensegrity）

## 奥拉·泰勒（Aura Taylor）

在本书第126～第131页，我们了解了奥拉如何研究各种不同的面料和悬空系统，试图针对可穿着服装寻求解决方案。

### 重塑新廓型和新形态

在这个阶段中，奥拉将最终确定的概念和创意转化为具体的设计。毕竟，她找到了所有材料并通过二维和三维方式的探究获得了概念，因此，她将所有的形象化素材收集到一起，绘制设计草图。她确保所有的面料和装饰物都摆在她面前，包括调研和三维拓展的图片。

她的首次尝试是以她所研发的三维立体蕾丝结构为基础的。从那时开始，她就直接画出设计，但是她很快发现这一点行不通——最终效果的装饰性过强。

**1**
**调研墙**
在奥拉工作时，她确保所有的面料、装饰物和调研都摆在她面前。

## 善于识别设计过程中出现的主题

最初的针灸主题系列设计中的关键设计细节是金属和管柱结构，正是这两个因素可以使服装悬离于人体之外。

奥拉对1/8英尺直径的铝管进行剪切并用真丝色丁（Satin Silk）将它们捆绑在一起，取代了简单的缝纫线，而在她最初的试验中，那些缝纫线是用来固定大头针的。（这是一个很好的案例，从一个项目中获取的关键元素可以在另一个项目的新语境中被继续使用。）

作为主要的设计元素和构造部件，这一点贯穿于整个系列，同时也是每一件服装的起点。几款设计中都用到了打孔的皮革和呈一定格局分布、模拟人体穴位的饰纽，款式和廓型都很夸张，以使蕾丝可以从不同的高度和水平位置进行穿插。为了将针灸系列连贯起来，奥拉选择了黑色、白色和银色的单色色系，以确保将重点放在以几何化结构和图形化的方式表达科学的数据。

对奥拉而言，非常重要的一点是，她的设计哲学通过服装设计及系列展示得以体现。简单的几何方形和圆形传递出了人体结构和自然界中的其他图案之间联系，并且不断地重现，因此，她决定在系列展示中重点强调这一点。

为此，奥拉借用了达·芬奇标志性的"维特鲁威人（Vitruvian Man）"的符号化语言。这幅绘画作品以理想人体的几何比例关系为基础，奥拉认为用这样的视觉图形语言来强调她的概念再合适不过了。

译者注：维特鲁威是公元1世纪初一位罗马工程师的姓氏，他的全名叫马可·维特鲁威。当时他写过一部建筑学巨著叫《建筑十章》，其内容包括罗马的城市规划、工程技术和建筑艺术等各个方面。由于当时在建筑上没有统一的丈量标准，维特鲁威在此书中谈到了把人体的自然比例应用到建筑的丈量上，并总结出了人体结构的比例规律。此书的重要性在文艺复兴时期被重新发现，并由此点燃了古典艺术的光辉火焰。在这样的背景下，达·芬奇为此书写了一部评论，《维特鲁威人》就是他在1485年前后为这部评论所做的插图。准确来说，这是一幅素描，画幅高34厘米，宽25厘米。问世以来，一直被视为达·芬奇最著名的代表作之一，收藏于意大利威尼斯学院。"维特鲁威人"也是达·芬奇以比例最精准的男性为蓝本，因此后世也常以"完美比例"来形容当中的男性。

"当我研究针灸分布图并将它转化为几何蕾丝图案时，我同时还进一步观察了自然界中的其他图案，我注意到，在这些科学模型之间具有惊人的相似性。'维特鲁威人'将我的整个研究概括为简单化的形象，我可以运用这种形象强化我自己的发现并展示我的设计。"

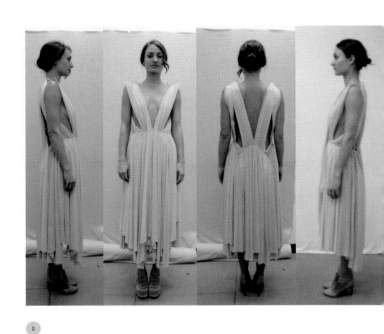

2

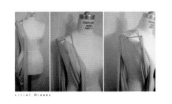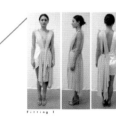

3

**2/3**
将服装实现出来

将铝管和纤细的真丝色丁绑扎在一起，可以使奥拉的设计悬离于人体。

**4/5/6**
展示板

从她的展示来看，奥拉体现了达·芬奇"维特鲁威人"的几何造型，并以此表达出她设计背后的哲学思想。

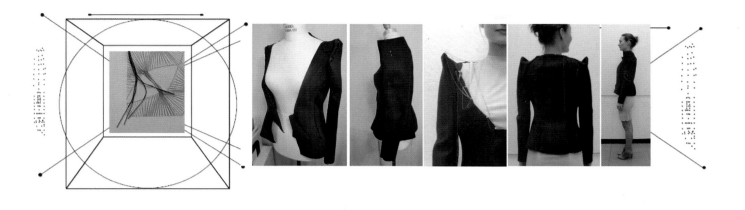

4

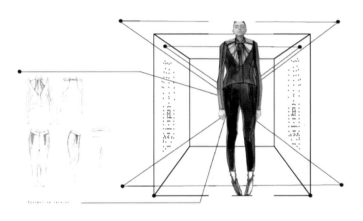

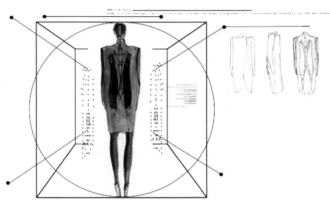

5

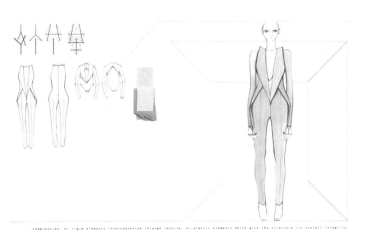

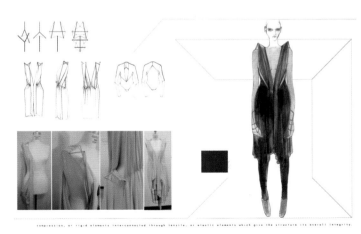

6

## 设计理念、制作和细节的最终确定

尽管奥拉在整个系列中保持一致的审美，但是，她将这些设计连贯起来时，通过廓型和结构所体现出来的简洁造型被彰显出来。她挑选出最成功的三维立体造型，并以极简的和建筑化的手法设计出紧密关联的系列。她将金属管结构暴露在外，作为一种构造部件和系列服装设计的主要设计要素来体现。通过拉伸人造丝棉针织布可以形成流动的立体造型，而与此相反，她还引入了精纺羊毛和羊毛混纺材料，可以塑造出几何图案。

奥拉先前围绕针灸系列所做的连贯化（Line-up）的设计都是基于单一的创意的，一系列的样式/服装都是针对三维立体蕾丝展开的，而这种三维立体蕾丝则是以人体穴位点为基础的。

但是奥拉发觉，在前期连贯化设计的过程中，她未能充分体现出她自己的个性化标签——精致美学，因此她将可以表达这一特色的新造型和结构融合进去。对于张拉整体主题最终的连贯化设计，则是以立体造型和精致样式之间的平衡为基础的。

## 建立你的语言识别和个性化风格

奥拉将她的典型设计方法描述为，围绕着设计过程所开展的深度调研和概念驱动下的设计拓展：一个物体的视觉刺激，或者通过词汇拓展和视觉调研体现出来的思想，都将成为强大的驱动力，这种驱动力可以为每一条拼接缝位置的确定、廓型所诠释出的理性表达和创意等赋予内涵和思想。正因为这一点，我的设计过程每一次都会有所不同，它总会围绕着我所选出的感兴趣的主题展开的，这样的主题可以对二维和三维的拓展给予指导。这种设计方法总会挑战我去探索新的领域，并使之更令人兴奋。张力整体系列最终引入了柔和的、悬垂的廓型，这种廓型对于我的审美而言是全新的，但是，最终，我以我的方式来塑造这些廓型，为悬离于人体之外的服装样式找到了解决方案。

**7 / 8 / 9**

**最终的串联设计**

　　奥拉最终的系列在全新的悬垂设计与她标志性的精致美学之间找到了平衡。

⑧

⑨

请翻至第69页查看该项目的第一部分（创意），或者翻至第126页查看该项目的第二部分（概念）。

一项关于形态记忆材料与新型
工艺技术及织物的调查研究。

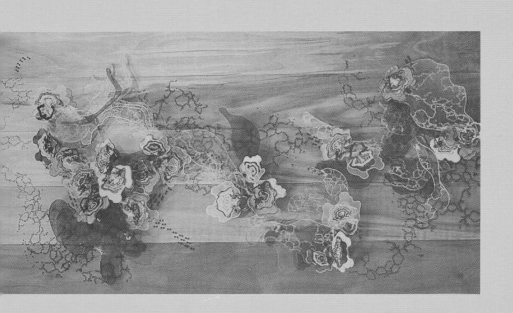

# 设计进程

第一阶段

对手工技艺的调查

数据采集

材料/科学研究

日志记录

材料/科学实验

视觉效果研究

二维草图绘制

第二阶段

融合织造

纤维试验

手工技艺

传统与科技

刺绣

天然/人工技术

第三阶段

有机工程

自然编程

# 实践：技术自然学
# （Techno Naturology）

吴燕玲（Elaine Ng Yan Ling）

在本书第132～第137页，我们了解了吴燕玲如何尝试用层叠、激光切割、编织和热电装置进行新型织物可行性的调研。

## 重塑新廓型和新形态

"技术自然学"创造了一种可以活动的形态，这种交互式的反应和形态本身就表明了它们对周围环境的反应。最重要的是，形态是不断发展变化的。"技术自然学"的构造为使设计获得持续变化的花型图案和极富潜力的廓型提供了条件。然而，变形来自于材料反应能力的对比，以及对薄木片木纹做出反应的形态记忆合金。虽然这两种材料都会及时做出反应，但是它们做出反应的速率不同，这使得它们的反应成为一种共生状态。吴燕玲的术语，"技术自然学"，表达了一种不同寻常的设计思路：形态本身是不会重复的，而形态的表现则是随着温度和湿度的变化而同步变化。

时尚和形态之间存在着本质的内在联系。

——吴燕玲

**1**

**"簇聚"**

　　当有能量源时，"舞动的屋顶"就会动起来，可以进行表演和变化，以表达不同的幻影效果，每一簇包含了不同比例的形态记忆材料，可以做出独特的反应和变化。

**2**

**"片状板材"**

　　一种由藤条、羊毛、聚酯、木头和形态记忆聚合物构成的材料。

**3**

**"超级奢华"**

　　一种超级奢华的智能材料。它可以连接到电路并随着环境变化而做出反应。材料的运动在人、空间和材料之间创造出了一种隐形的空间对话。

## 善于识别设计中出现的主题

　　吴燕玲的概念在很大程度上受到了材料反应的影响。为了创造一个似乎可以独立存在的混合材料，她决定把这个概念分成两个系列进行设计：

　　在第一个系列中，设计旨在对传统概念的住所进行试验和挑战，并将自然控制引入建筑的设计拓展之中。该系列表达出了吴燕玲对形态记忆材料调查研究所取得的发现以及不可预知的自然反应。从建筑的角度来看，合成的形态记忆材料的系统构造如何可以应用于较大比例的体系中，其前提是没有建筑参数。系列由"舞动的屋顶"、柔韧的机织织物以及超级奢华的智能材料三部分组成。

　　第二个系列探索了功能性的构造运动和木材的反应，然后将它转变成一个可以改善用户日常体验的设计。该系列由像"舞动的枝丫"和柔韧的梭织材料组成。

　　很有趣的一点是，从形态记忆材料在时装中的应用来看，如果服装是由一种会对人体皮肤做出反应的形态记忆材料制成的，那么从理论上来说，服装就可以扮演人体的第二层皮肤的角色，使服装与其廓型可以进行同步地变化。

**4 / 5 / 6**

**调研示例**

　　图例探索了如何可以运用可塑材料制作人类的"第二皮肤"。

## 设计理念、制作和细节的最终方案

吴燕玲的混合材料被描述成了人道主义行为。这种评论激发了她的灵感，使她联想到时尚及建筑领域中的"技术自然学"的概念。

吴燕玲声称，"从我的观点来看，时尚不仅仅局限于服装的语境中。时装是个庇护所。以木头的原始状态对待它的看法可以将技术自然学与时装相联系。时尚和建筑植根于同一概念：提供住所和保护。近年来，建筑一直从时装剪裁中获取造型和形式，在建筑物的外部使用面料。在过去，像露西·奥特（Lucy Orter）这样的艺术家，受到建筑的启发，以建筑的形式创造时装艺术品。这表明时尚、建筑和形态之间是存在内在联系的。"

## 建立你的语言识别和个性化风格

吴燕玲的"技术自然学"的织物是多种材料以独特的方式组合在一起的结果，形成一种定制的建筑"材料"，这种材料可以传递出力量、柔韧性、可变形特性并对天气做出反应。这些特性为手工技艺、建筑和工程提供了实实在在的联系，从高科技中获取灵感并将它与过去15亿年的进化——大自然的艺术相结合。

吴燕玲进行织物创新的理论可以被广泛应用，并在建筑和时尚之间创造出自然的联系。这种先进技术的冲击已经初见端倪，显然，吴燕玲是一个先驱引领者，她引领我们进入未来，到那时，织物技术就可以共同适用于建筑和时尚领域。

可以在以下网页观看吴燕玲的作品：
http://vimeo.com/14522270.

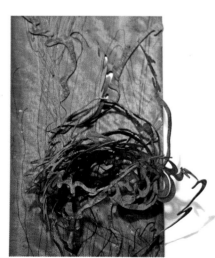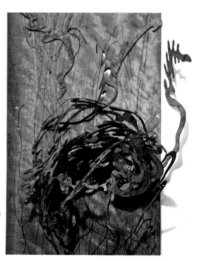

**7**
**"回馈自然"**
    这些单品可以被放置在靠近室内植物的地方。当给植物浇水时,这些单品就会舞动起来,意味着"谢谢",在使用者和材料之间创造出情感的依恋关系。

**8 / 9**
**动态图案**
    在吴燕玲的众多设计中,由于材料会对环境做出反应,所以,花型图案变得鲜活起来。

8

9

请翻至第68页查看该项目的第一部分(创意),或者翻至第132页查看该项目的第二部分(概念)。

# 学者观点

## 弗朗斯·科尔内（Frances Corner）教授

[荣获大英帝国勋章（OBE，the Order of the British Empire）]

**伦敦时装学院**

自2005年起，弗朗斯·科尔内（Frances Corner）担任伦敦时装学院的校长一职。伦敦时装学院是英国唯一一所专门致力于时尚教育、研究和咨询的高等院校。学院提供了一系列的课程集合，旨在反映时尚行业中潜在机会的广度。

**您是否关注到与调研、过程和设计相关的设计方法论在教育方面所发生的转变吗？**

我觉得真正的转变必须与技术和社交媒体的发展密切相关。时尚课程的授课方式的改变，不仅因为教师需要将这些方面整合起来传递学生，同时也因为他们要求学生思考技术如何改变设计过程，如何改变织物和材料的特性以及如何改变将货品和产品售卖给消费者的方式。教师利用社交媒体让很多学生可以在网上学习；早在五年前，教师和学生就已经在以一种不可思议的方式进行合作了；同时，研究过程可以通过互联网进行传送。然而，其核心——设计教育的改革特性始终不变，每个学生学习如何将研究、过程和设计与个人的观点和视角相融合。

**设计方法会因国家的不同而不同吗？**

是的，我相信这种设计方法在每个国家都是不同的，就像遗产、传统、习俗和信仰，在教育和设计的方法论方面都不可避免地产生着影响。

**您认为好的方法是与生俱来的还是可以教出来？**

我认为一个良好的、缜密的设计方法是可以教授给学生的。但是，每个学生如何进行个性化的演绎、如何体现出创造力和原创性是无法传授的，而是需要进一步提升和开发的。

**您认为设计中是否有"对""错"之分？**

我认为在设计中没有"对""错"之分，因为任何一个好设计的核心是艺术家或设计师个人的想象力和视角。而且事先也无法预估什么是原创的、什么是具有创造力的、是否会获得成功。创造力的历史是由许多伟大的设计师的案例构成的，他们在头脑中已经对已有的创意和传统进行了加工。但是，概念和创意是如何拓展和应用的是需要从设计进程产生的角度进行仔细思考的。对于时尚设计而言，这一点尤为重要；如果你不能按照正确的方法做设计，服装就没办法很好地悬挂在一起，品质也无法保证！

**您能分享你的研究与学生学习之间的联系吗？**

调研、后来的试验和创意的拓展是设计过程最核心的内容，同时学生可以学习到经验。一旦展开了调研和实验，过程、审美、个人特性以及对已有创意的反思便会随之而来。鼓励学生在他们进行调研与拓展时，保持开阔的、好问的、好奇的、开放的思维并接受挑战，就会对学生的学习起到巩固作用。学生需要充分认识冒险与犯错误所需付出的代价，正是通过这些过程，他们才能学会如何将他们的创意推进到极限，而且，也正是在此时此刻，他们才会在设计过程中获得必要的自我突破。学生一旦理解了这一点，如何很好地驾驭设计过程——将会成为获取具有创造力的设计拓展的核心内容。最终，这一点将会确保他们会从事一个持久且可持续发展的设计职业生涯。

**哪个更重要？商业可行性还是创造力（及想象力）？**

我认为创造力及想象力是最重要的元素。作为一个学生，这是学习过程中的最重要的部分。学生需要了解商业化和工业化的语境——没有现实的检验就没有想象力可言——然而，想象力也可以成为设计的出发点。

在此之前,科尔内(Corner)教授是在格罗斯特郡大学(the University of Gloucestershire)担任艺术与人文学院的副院长(1988~2001年),在此之后,她又在伦敦城市大学(London Metropolitan University)的卡斯艺术传媒及设计学院(The Sir John Cass Department of Art, Media and Design)担任校长(2001~2005年)。科尔内(Corner)教授被看作是艺术家,策划艺术展览,展览范围十分广泛,同时,她还在切尔西艺术学院(Chelsea School of Art)和其他的学院教授基础课程、学位课程以及研究生课程。她主持设计艺术高等教育理事会(CHEAD, the Council for Higher Education in Art and Design)直到2009年7月,同时还是时尚零售学院董事会(the Fashion Retail Academy)的成员。作为一位艺术与设计教育方面的专家,她还是一位学术研究方面的作家及编辑,同时还是与创意经济相关的文化、传媒和运动系的顾问,以及一位经验丰富的电视采访对象。

**当今设计教育中最具有挑战性的方面是什么?**

跟上最新的科技发展的步伐,并了解它如何对教学和学习带来影响,而且同时还要跟上行业的发展变化,这是非常具有挑战性的。这是因为教学机构仍然需要用传统的方式方法和手段去教授的。因此,需要建立评价体系来平衡这些元素,以使课程不会安排得太密集,而学生们的学习不会太过于脱节。

**我们如何为全球市场提供学生资源的储备呢?**

我们拥有一个网络,由强大的国际化的合作伙伴以及不同国家的学术机构、企业与公司之间的联系构成,是确保教师和学生对全球化时尚行业运转增强了解的最为有效和有用的途径。这将有助于学生在复杂的全球化的行业背景下找到一份卓有成效的工作。

**以您的观点来看,在新晋的年轻设计师中您认为谁是最成功? 他们之间有什么区别?**

因为受到英国时尚教育体制的深刻影响,所以,我认为一些英国新晋的年轻设计师将会在全球时尚行业的发展中起到重要的作用。不仅是因为许多英国时尚专业的毕业生相继成功地确立起他们自己的形象并开展业务,而且还因为他们很多人还在重要的国际时装公司设计团队中工作。像艾尔德姆(Erdem)、克里斯托弗·凯恩(Christopher Kane)、理查德·尼克尔(Richard Nicoll)、赫利·福尔顿(Holly Fulton)和克里斯托弗·瑞本(Christopher Reaburn)这样的设计师都已经以其设计手法的原创性和新鲜感逐渐拓展出国际化的品牌形象,我将满怀兴趣地关注他们的发展。

**在当今全球经济的背景下,你对那些正在试图寻求确立自我个性和审美的时尚设计毕业生或者新晋设计师有什么建议吗?**

努力工作,保持全神贯注,对你身处的行业善于仔细观察和聆听——但要确保你的想象力的真实性!

# 设计师观点
## 加比·奥斯佛（Gabi Asfour）和阿迪·吉尔（Adi Gil）

**你的设计理念是什么？你是如何开始的？**

Gabi：首要的是合作，因为我们是一个合作团队。除了设计之外我们还经营自己的业务，要关注公关、销售和财务——我们基本上涉及业务的方方面面。所以我想我们的理念是从头至尾都要了解自己在干什么。我想用我们自己的方式来做设计。

**你们的方式是什么？那意味着什么？**

Adi：我想，第一，是他刚才说的合作，因为我们是三个人。第二我想说的这是与服装有关的事情。以及与服装制作与结构方式有关。

G：我们想到的结构并非传统结构。为了我们可以做我们想做的事情，我们必须知道怎么样缝纫，怎么制作纸样，更要知道如何销售及营销。我们也必须知道怎样去提升自己，因为我们有特定的利基（小众市场）和信息。我们边做边学。这是另一个理念：我们对自己永远不会满足。你必须一直保持开放的思维，甚至是用自己都方式找到新的方法。这其实是一个非常有趣的过程，因为你总是可以兴奋起来。就是因为总会有新的事物发生，而你也在不断对你周遭所发生的一切做出回应。从根本上来看，接受未知的事总是令人兴奋的。

**随着设计过程的发展，它变得越来越本能还是可以通过学习获得？**

G：本能，是的。我们依赖我们的直觉在做所有的事。包括商务方面的。

**你们的结构工艺是怎么实现的？**

G：我们从根本上意识到以传统的方式做服装是无法创造出全新的东西来的。对于其他人也许可以制造出来新东西，但是对于我们来说它还不够让我们感到兴奋。所以我们必须改变我们处理服装构造的方式。当然，会涉及人体解剖学方面的知识。而且人体的线条要比服装传统结构中的线条好看得多。所以我们可以将人体的优雅和美丽融入结构中，以一种顺应人体的方式进行结构设计，而不是相违背。也许我不应该说是与人体相违背，但基本上当你遵循传统的裁剪规则时，它们总会以某种方式将人体进行分割，就仿佛用一把刀将人体肢解了一般。所以我们觉得我们应该围绕着人体进行建构。

A：我们把我们的服装看作雕塑，所以对于我们来说这是艺术。同时，我们也在让它们变得具有更多可穿性。这是一个不错的挑战。

　　　　这是一个以纽约为核心的前卫品牌，最初以"阿斯佛尔（ASFOUR）"的名字成立于1998年，由加比·奥斯佛（Gabi Asfour）、安吉拉·东豪泽（Angela Donhauser）、阿迪·吉尔（Adi Gil）和凯·库内（Kai Khune）四个设计师共同创立。在2001年，该品牌获得了艾克·多玛尼（Ecco Domani）时尚大奖，该奖项专门颁发给时尚领域中最具创新的设计师。2005年，库内（Khune）离开了该团队并创立了自主品牌，而其他的三个设计师则以他们的新命名"three　ASFOUR（以三作四）"的品牌下继续工作。由Three ASFOUR所做的实验性设计已经被众多著名博物馆购买并在世界各地展览，包括伦敦维多莉亚和艾伯特博物馆的"纽约当代时尚"展览和大都会艺术博物馆的特别展览(2005年的展览"野生:难以驯化的时尚"和2008年的展览"超级英雄:时尚和身体")。大都会艺术博物馆的服装学院也获得了他们的几件作品永久收藏。他们的作品同样在纽约的库佩·海威特（Cooper Hewitt National Design Museum）国家设计博物馆和巴黎的流行服饰博物馆（Musee de la Mode et du Costume Galliera）有着重要作用。Three ASFOUR品牌也同样成为美国时装设计师协会和*Vogue*杂志时尚大奖的获奖者将该奖项专门颁给美国新一代时装设计师。

**当你创建一个系列时，你的创作过程是遵循一系列线性步骤完成的，还是收你感觉驱使而随机发生？**

　　G：两者都有吧。这是一个组合的思维。我们的确有一套防止我们过度迷失的方法，但是我们希望可以打开思维，即兴创作。到处走走看看，新的方法总会让人兴奋不已。

　　A：还有，我们是三个人，所以有时会多花些时间在我们中间找到一个契合点。

**你们会共同开始设计、立体裁剪，然后就某一点讨论共同的想法，最后一起向前推进创作吗？**

　　G：对啊，就是这样。就时尚方面较好的一点就是有最后期限。最后期限是非常重要的。我们学会用最后期限来逼迫我们解决问题。

　　A：它会提醒你！

**如果让你来看整个设计过程，你将会选择哪些词语来描述它呢？文字的、叙事的、抽象的、二维视觉的、绘画的、人台上的三维雕塑……**

　　G：每一个方面都有一点。我们保持开放。

　　A：我们每一个人都提出些不一样的想法。

　　G：就最新的系列来说，我们会做很多二维的手绘图案，因为我们用了很多印花面料，所以必须很好地进行排版（你可以在版面中看到这些）帕森斯（Parson）的一个学生对我们很感兴趣。她在绘制草图方面很厉害。所以我们可以在Illustrator软件中做了很多二维的拓展。一旦面料到了，情况就会发生改变，我们需要准备三维立体造

型。但是我们通常会从一个开放状态开始。我们并不知道哪条路是起点，或者每个起点的方向在哪里。

　　A：但有时我们知道。这一次我们就非常明确。我们已经为这个新系列准备了两年，所以我们非常明确。也很明确地知道下一个系列的方向。

　　G：是啊，但是二维和三维都是我们设计过程的起点。只要涉及图形的事情，我们就要从二维的角度入手。

**你们是通过头脑风暴法来确定主题的吗？**

　　G：一样的，这更多是通过本能感觉到的，"就是这样。"有时候想法来了，然后会花一段时间去实现它们。然后，再把它们抛到脑后。

　　A：而有时候，这自然而然地就会成为下一件要做的事情。

**你们每一个人都有什么独特的力量？**

　　G：我们团队有两位女士和一位男士。所以，"二比一"时的意见则体现出较大的优势。我们以前四个人在一起的时候也有"二比二"的情形出现，意见会产生分歧，但是那样总是不太好。

　　A：我们四个人总是会陷入困境。

　　G：是的，我们吸取了教训。有了经验后，三人中间总是可以以"二对一"的方式解决问题。这是相当有趣的过程。

**当你们在创作的过程中碰壁后（不管是个人还是整个团队），你们怎么做？**

A：随它去吧。你不得不花些时间，然后就随它去好了。我认为这是要花一点时间才能搞懂的。我认为我的个性总有些好斗而且莽撞的方面，不仅体现在做事方面，而且是在人际关系方面。年龄越大，你就会明白这其实与做事是一回事。你必须要学会放手，因为不管它是什么，它终将会成为它应该成为的样子。我仍然在不断学习。但我坚信这就是你要做的事情。

G：想想别的事情。对于我来说，更多时候是把思想转移到其他事情上。我会跳脱一下，从时尚中游离出来，做点别的事情。你可以到户外散散步或者野外转转，或者做做结构设计，干点别的事情。

**就做设计而言，有对错之分吗？**

G：我们认为没有对错之分。

A：我们从错误中学习。

G：错误是必不可少的。没有所谓错的方法。你总是在不断学习中……

A：如果有什么不对的话，那就是你该学习了。我就是这样认为的。

**就你的设计过程来看，你们如何展开研究？**

A：我们总是在研究。我们是Google达人。我们感到非常幸运，因为我们活在当下，几年前，我们还没能拥有我们现在所拥有的这一切。调研变得更容易，我们可以获得如此之多的信息。

G：但是好的一面是你做的调研可以很肤浅，也可以很深入。这都没问题。但是，深入调研才能使你领会真谛。

实验性是创作过程的首要因素。你需要对你未知的事物持开放的态度。

——加比·奥斯佛

**你们曾经进行过调研旅行吗，或者去城市以外的地方获取灵感吗？**

A：旅行过。显然地，它们会为我们带来灵感，但我们不会单纯只为寻找灵感。说实话，我们可以从所有事物中获取灵感，就连沿街行走都可以。

**你们能详细地说一下你们刚提到的肤浅和深入的调研吗？许多学生只是通过谷歌（Google）搜索图片或信息，但其他的一概不做。**

G：这是我所反对的事。因为我觉得为了要真正了解一个课题就需要深入地探索。书是了解一个课题的最佳方式。但是，你也可以在网上做，有很多可以深入展开的调研方法。正如我所说，深入调研才可以领会"真谛"。从浅表层面展开调研，你将无法得到精髓。你就只能看到表面。

**你能举例说说你刚才的意思是什么吗？**

G：分析是关键——它从哪来？如何产生的？一张图片是不够的，你得从不同的地方获取大量的图片。所以如果你要找与主题相关的文章作者，你就需要找另一位作者，因为你不可能仅凭一人之见来进行判断。这就是网络的好处，你可以点击与主题相关的文章作者查看文章，了解他如何对待这个问题，然后再找下一个、下一个，然后找出不同的观点。

A：坚持个人的观点，这也是很重要的。不要只做抽象的调研。它必须成为"你自己"的观点。你要拥有掌控的权利，使它成为你的一部分。然后，再以一种合乎情理的方式将它呈现出来。

G：需要个人视角且以个性化的方式进行呈现，接下来，你就可以开始原创设计了。

**你们能解释一下你们的实验过程吗？**

G：实验是创作过程的第一步。你必须对你未知的事物持开放的态度。未知——这就是我使用的词汇。未知的领域通常是令人感到恐慌的。当你感到不适应时，你就会不自信。但是总会有某种事物促使你超越它，是某一种力量或信念，当你拥有这些，你就可以克服这些恐惧了。我们都喜欢舒适和安全，但是这都不是精髓之所在。

**学生一直都在抗拒这个。处于一个令人不适的未知境地是非常可怕的。**

A：我们就是这样选择的，因为我们从不回头，这样选择，是为了确保我们可以做我们要做的事情。所以整个过程中，我们都是处于恐慌状态的。我们的生存本身就是令人提心吊胆的，因为我们没有赞助人，所以这就是我们每天都需要面对的事情。我唯一知道的就是明天太阳会照常升起，月亮会在夜晚出现，剩下的我就不知道了。对我而言，我是无法做出保证的。

**我们也不愿意这样做，这真是讽刺。我们错误地认为我们在这些方面很安全，但是没有。这是一个错觉。**

G：基本上这就是我们所学到的……这种安全感的假象是一种错觉。

A：我只知道从我们的来之不易的经验中吸取教训。对于我们来说，即便是太阳或是月亮，它们也只是暂时的，而不会永恒存在下去。所以，这也是无法保证的。

# 视角

## 科林·谢琳（Colleen Sherin）——萨克斯第五大道精品百货店的资深时尚编辑

作为萨克斯第五大道精品百货店的资深时尚编辑，科林·谢琳（Colleen Sherin）周游全球，遍寻流行趋势、灵感来源以及新晋设计师。科林会关注世界时装之都——纽约、伦敦、米兰和巴黎的女装成衣发布会，并且为店铺去确定可以代表当季的流行趋势基调。她与她的客户就时尚导向、目录画册直邮和全国性的广告宣传展开密切合作。

科林还会在巴西的圣保罗、澳大莉亚的悉尼、葡萄牙的里斯本探索新兴的时尚市场。作为年轻设计师天才的佼佼者，科林（Colleen）为萨克斯第五大道精品百货店探寻到了不计其数的系列作品。

她出现在国内及地方的电视节目中，并在诸如《时尚芭莎》（Harper's Bazaar）、Elle、InStyle、《人物》（People）、《金融时报》（Financial Times）、《纽约时报》（New York Times）及《女装日报》（WWD）等刊物上定期发表文章。

**当你着手一个新系列时，需要寻找什么资料？**

当我着手一个新系列时，我会寻找具有创新性的设计、品质以及令消费者渴望的产品。

**创新设计对你而言意味着什么？**

创新设计是表达一个设计师与众不同观点的创意。

**作为一个买手，你探寻的事物中有没有关键要素？**

当我们考虑一个系列时，我们要寻找与萨克斯第五大道精品百货店现有的创意不重复的系列，我们要寻找与店铺立场观点相一致的东西。市场上有如此之多的比赛，这些比赛要推出设计师，真的需要与众不同的立场观点和独特的立意。这样就不会给复制留下任何空间了。

**对于消费者来说什么是渴望的产品？**

这可能是某种如此神奇、如此令人兴奋、如此与众不同的东西，正是这些使得他或她只想拥有，不管需要不需要。那是情感方面的东西。它可能会填补空虚或者满足某种需要，或者可能只是某种可以使他/她一见倾心、产生共鸣的东西。这就是创造欲望。

**你相信你的直觉吗？并且是只有当你见到它你才"知道"，或者真的有实实在在的关键要素存在？**

这是商业直觉，但是对某些事物拥有知觉并且相信直觉也是很重要的。我觉得这是两者的结合，你必须经过深思熟虑，从商业的角度，谨慎地做出决定，但他们也不能完全没有情感。你必须对某些事情做出反应，这就是直觉。

**你认为，对于设计师拓展他们的想象力、审美和视野来说，设计师的过程与方法很重要吗？如果是这样的话，请详细阐述一下。调研很重要吗？例如，文化等方面的参考等等。**

当今众多成功的设计师紧跟时尚脉搏，并且从那些与当下和过去相关的文化(包括艺术、电影、音乐和文学)中寻找灵感，同时也从街头文化汲取灵感。这不仅仅事关当下所发生的事情，而且还与那些过去曾经发生的、可以被重新演绎的有趣事物相关。尊重过往是很重要的，但是也不要太生搬硬套。如果一个设计师以一个年代为参照：20世纪20~40年代或者其他任何年代，不能仅从字面意义上将它们看作是古装设计。这仍然需要将现代的、有意义的、与当下潮流相符的因素融入其中。

**您是否曾经为一些新晋设计师给予指导？**

是的，在系列设计完成之前，我会和设计师及其团队一起共同审视整个系列。

**这个过程对于消费者而言，是否会产生影响？或者仅仅是出于对好设计的本能反应？**

最终，对于消费者而言，仅仅需要将单品转译成为适合他们生活方式的、具有吸引力的设计。我不知道消费者是否越来越关注灵感和相关参考，我认为，最终，她想要的是一件满足她欲望的产品，是某种与她相关联的事物。渐渐地，我们发现消费者寻找的是具有很长久生命力的服装，购买后可以穿很多年。她也在寻找多功能的服装，出于品质和性价比的关系的考虑，她可以以多种不同的方式来穿着单品。在过去几年中，我们已在零售中看到了这种转变，消费者在购买之前，进行更多的深思熟虑，从而拥有周全的想法。

**是什么造就了"好的"设计？**

好的设计是永恒的——例如，来自于20世纪20年代、30年代或者50年代的设计在现在看来仍然很有意义。好的设计超越了年代。

**是什么灵丹妙药使得某些单品优于其他单品？**

有时，当你观看一个系列时是会出现这样神奇的情形，一件单品如此完美，以至于它成为当季中的"必备单品"。随后，它就可以成为标志性的、具有收藏价值的单品了。这种事情的确是时而发生。所有设计要素都恰到好处，这时就是可以见证奇迹的时刻了。

**在你看来，在一个年轻设计师的发展过程中，什么因素最重要呢？**

内驱力、雄心、活力、想象力、创造力及与之抗衡的商业直觉。

**设计师如何达到这样的平衡？**

作为设计师，具有创造力是很重要的，尝试去做以前没人做过的设计，或者以不同的方式来做某事，就会使你有种想去填补空白的需要，故而就不会去复制那些已经存在的设计。这表明，它需要有所调整，它还需要具有商业可行性。最终，你想让消费者购买和穿着你正在做的设计，所以，我认为这就是创造力和我们所处的商业现实之间的平衡。

**你建议年轻设计师通过寻找商业伙伴来取长补短吗？如果没有这样的合作伙伴，设计师可以成功吗？**

我认为这就是你为什么把他们看作是相对事物的原因，因为他们相克相生。他们各自都具有不可小视的力量，而且，我认为这是非常有帮助的。我认为如果一个设计师自身不具备那些技能，而与之搭档的人，能够就设计审美达成共识，并在商业直觉方面达成完美平衡，就会是非常有帮助的。对于一个年轻的设计师而言是比较困难的，因为他们对此没有规划，会在不得已的情形下成为多面手。但是，从理想角度来看，你应该就商业方面与某些人展开合作。

**商业可行性和创造力，哪个更重要？还是两者的完美结合？**

这两者都非常重要。两者相互依存。

**从更好培养新晋设计师的角度来看，艺术设计院校是否应该把商业和设计的教学并重呢？**

我不知道是不是应该把两者的教育等同并重，但是我认为应该把商业要素融入课程中，这是毫无疑问的。我不认为这种做法会使设计师所需的创意或技艺的培训有所逊色。但是，如果他们想要成功并拥有一份赖以生存的职业，我认为他们就的确有必要了解时尚商业方面的知识。

**对于即将步入全球化市场的服装设计专业的毕业生，您有什么建议吗？**

从消费者的角度，创作出可以填补空白并且能够引起情感共鸣的产品。创造出欲望。这就是设计的奇妙之处。

**您认为创造时尚和设计服装之间有什么区别？**

我认为学生必需敢于梦想，而且他们必须打破常规思维定式并且敢于冒险——风险预估。他们应该和商业伙伴或者是合作人反复沟通这些想法。对于一个大型设计公司，都拥有专门的商业团队或者营销团队，与设计团队合作共同开发并评估设计，这是很常见的。从传递给消费者的终端产品的角度进行妥协。产品最初源于设计师的想象力，但是营销也是很重要的一步。

作为一个学习设计的学生，如果说他们人生中有一个可以进行试验的机会，那就是现在。我非常鼓励他们在课程中为了获得极致的创意敢于梦想和冒险，但是也需要明白，在现实世界中，它们中的一部分可以通过被修改来增强商业的可行性，并且明白这也是设计过程中的一部分。我认为他们不应该阻止这些具有创造力的"修正后的"创意的产生，因为这正是他们进行试验的时候，而且我认为这是非常重要的。

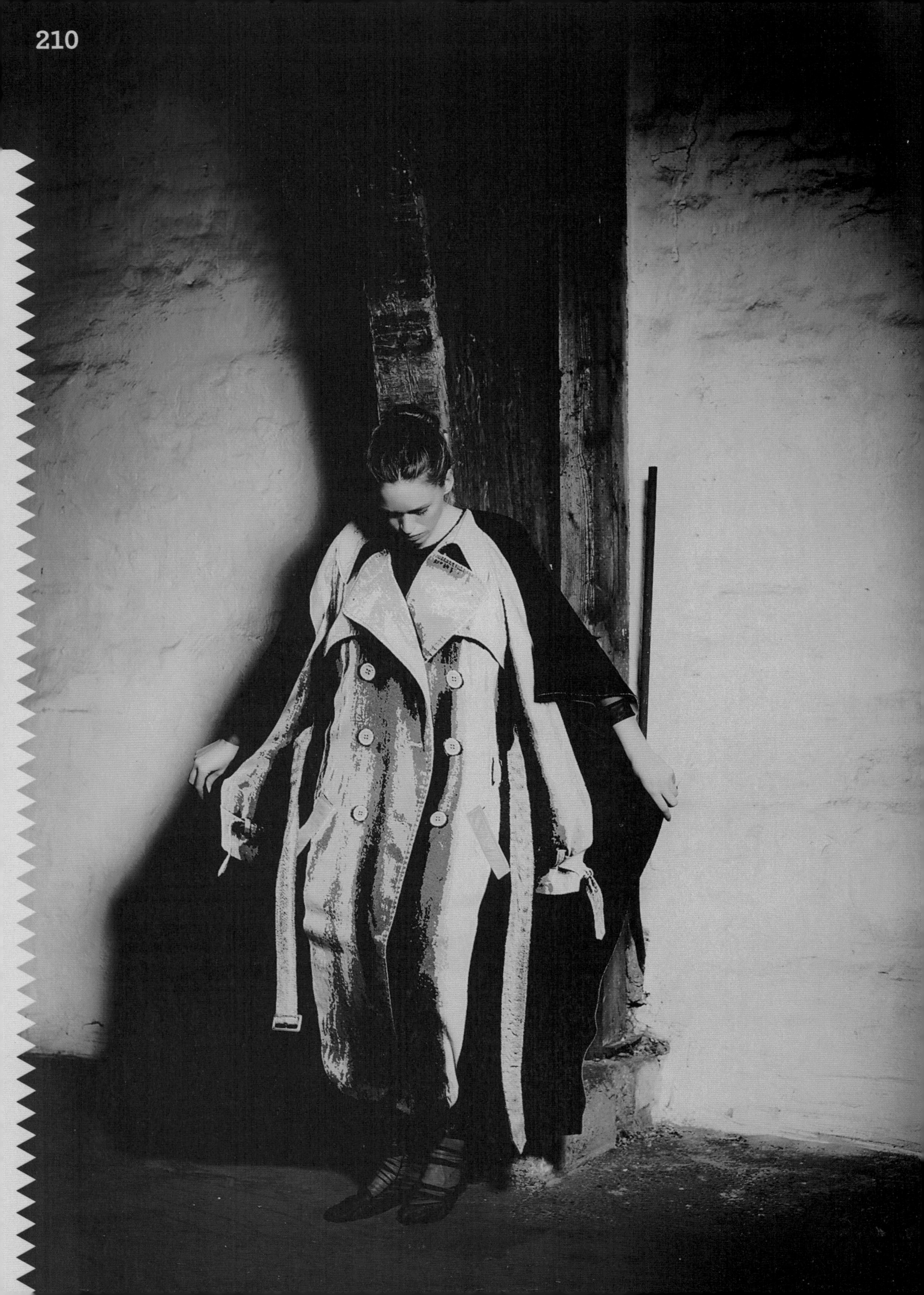

附录

# 专业词汇
# 延伸阅读
# 索引
# 致谢

# 专业词汇

二维拼贴图（2D Collage）：运用照片或现有的三维立体造型的图片，以二维人体贴图或者效果图的方式展现服装样式或者整体风貌。

最终二维效果展示（2D Final Presentation）：一种以二维排列的方式展示系列中经过筛选、修改的服装样式；展示内容通常包括：情绪/面料版以及效果图/拼贴图和平面工艺结构图。

二维草图绘制（2D Sketching）：以手绘或电脑绘制等二维手段进行效果图绘制。

二维草图连贯排列（2D Sketch Line-up）：将最终修正的系列设计以一字排开的连贯方式进行展示。

二维造型设计（2D Styling）：在进入三维立体造型阶段之前，以二维方式在人体或模特上展示虚拟效果，可以通过拼贴、草图绘制或是数字化合成的方式创建人体。这种工具也可以用来探索特别的插画风格，或者以二维的方式探索服装穿着在人体上的效果。

二维/三维立体造型（2D/3D Draping）：以实际面料/或者替代面料覆盖于人台上进行立体裁剪效果的试验，例如，将面料附覆于人台上进行立裁，或者是立裁效果的照片。

二维可视化（2D Visualization）：以二维手段表达头脑中的图像、概念或视觉理念。可以包括图片、照片及草图。

二维视觉营销（2D Visual Merchandising）：一种贯穿设计全过程始终的、对设计进行编辑修正的做法，其目的在于使样式、色彩和面料处理更为精简。

三维概念（3D Concepts）：通过三维立体造型的方式获取或带入抽象创意。

三维结构设计（3D Construction）：通过裁剪/缝制工艺使设计创意在人体上得以具体实现。

三维创新（3D Innovation）：以三维立体的方式创造新方法、新设计、新创意或新产品。

三维缝制（3D Tailoring）：一种三维服装结构设计的工艺，可以带来梭织面料（非针织面料）的结构设计。

三维可视化（3D Visualization）：想象中的画面、概念或视知觉首先通过三维手段（立体裁剪/版型制作等）进行可视化的转译。

Air Dye·印染技术：Air Dye是指在织物染色和印染过程中不使用水的一项革命性的新技术。AirDye技术因其可以绕开液态印染而独树一帜。这项印染专利通过热转移技术将图纸上的图案印染至织物上——全程无须消耗水，同时也不会产生污染。而且整个过程都是零废弃的：纸是可回收的，染色剂与调色剂都可以回收再利用来制成焦油和沥青。使用Air Dye印染技术印染单件服装可以节约25加仑以上的水。http://fashion.aridye.com/what/

Arduino平台：Arduino是一个建立在操作灵活、易于使用的硬件与软件之上的开放式电子模型设计平台。它主要服务于艺术家、设计师、业余设计爱好者以及任何对交互式设计或环境设计感兴趣的人们。

仿生学（Biomimicry）：对自然界的行为与机能予以模仿参考。自然回响系统是自然界对其周遭环境一种自然的回应方式，仿生学已经成为一种非常有影响力现象，特别近年来在功能性设计领域受其影响颇深。

泡泡组织（Blistering）：该技术可以将图像做柔化和简化处理。该技术主要由电脑织机完成，在某些区域以双层形式针织，而在某些其他区域以单层形式针织，就可以获得这种效果。

头脑风暴（Braintorming）：将不由自主产生的创意收集在一起并罗列出来，通过该方法可以围绕一个主题进行创造性解决方案的探寻。

皮层增长（Cortical Growth）：一个与大脑皮层生长相关的神经学术语。

手工艺技术（Craftnology）：由（Elaine Yang Ling Ng）创造发明的一个合成词，包含手工艺与技术这两个范畴。

客户定制细节（Cusomization of Details）：针对服装本身特殊的细节进行设计的过程，例如：金属饰件、装饰细节、缝缉线、纽扣以及拉链等。

客户形象（Customer Profile）：与你的审美情趣、设计情感或品牌形象相匹配的理想客户的大致形象或概念。这些因素中包括诸如职业、婚姻状况、他/她对相似品牌的个人偏好等生活方式的选择。

"单品设计"（Designing Piece by Piece）：该术语是由安德烈·查奥（Andrea Tsao）创造出用以描述她的设计方法，她的设计特点是首先绘制单品服装的草图，然后再从上到下构建出整体造型，最后以此为起点完成系列设计。

设计语言（Design Language）：在设计的语境中，一种具有特定意义的表达或词语的分组；一种独特语言或表达的创作。

数字化技术（Digital Technology）：在设计过程中使用到的相关计算机辅助软件和硬件。主要包括Adobe套件：与数字化设备如智能手机、Ipad、MP3播放器、手写板等结合使用的Photoshop，Illustrator和InDesign（排版软件）。

时尚大片说明（Editorial Direction）：为了获得理想的艺术效果或作品而给予的说明（既可以适用于二维过程也适用于摄影作品的拍摄）。

弹性（物理）［Elasticity（Physics）］：在压力下发生可反转变形的连续介质力学主体。

伦理学（Ethics）：道德哲学，包含界定行为对错的一整套概念的防范与推荐。在本书的语境中，这通常是指在时尚行业中确立可持续实践的问题。

面料再造（Fabric Manipulation）：是一个通过打褶、褶裥、贴花、层叠、抽缩、刺绣及无以计数的其他工艺手法来创建创新设计解决方案的过程。

时尚文化参考（Fashion Cultural Reference）：与时尚行业内已有趋势相关的特定文化参考，可以表达出从设计师到高街文化"滴流（自上而下）"效应。

平面结构图（Flat-sketching）：一种服装绘画技法，可以按比例展示服装前面、后面和侧面的效果以及领部、袖子或其他关键细节的特写镜头。该工具主要用于在面料裁剪、制作服装之前与制版师就服装结构进行沟通。可以手绘也可以电脑制作。

熔化织造（Fusion Weaving）：这是由吴燕玲（Elaine Yang Ling Ng）创造的术语，用以描述开发织物本身的研发过程。

湿度反应（Humid Reactive）：纤维对湿度的反应变化。

合成物化（Hybrid Materialization）：由两种或者更多种成分以分子形式复合而成的合成材料。

混合构造系统（Hybrid Tectonic System）：一种智能动态系统，可以通过模仿人工传感器和自然传感器的反应系统，创造出具有动感、灵活性和持续变化特点的建筑结构。敏感性结构是指建筑物通过测量实际环境条件来与其形式、造型、色彩或反应特色相适应的，可以提升空间体验并对庇护所原本的定义提出挑战。

日志（Journaling）：围绕特定题目或主题记录个人思想、经验以及反应。这是与日记类似的有规律的实践活动。对于设计过程来说是很重要的一步。

针织创新（Knit Innovation）：创造新的针织针法和工艺的做法。

光影拍摄（Light Photography）：这是一种介于电影和摄影之间的媒介方式，以静态摄影的方式中捕捉时间的痕迹。这是一个简单的摄影技术，你可以在以光线很暗的房间中移动光源，保持照相机快门比通常时间打开长一些。通过这种做法，照相机可以通过记录光源运动的轨迹，来表现时间的痕迹。

物化（Materiality）：与材料或物品的品质相关；在时尚语境中，物化特性与制作实施方面的创新有关。

思维导图（Mind Mapping）：用来捕捉信息和创意的可视化图表。通常围绕着一个词语或一段文字展开，由此可以获得相关的理念、词语和概念。可以通过写出词语或形象化草图、照片或混合媒介等多种方式进行创作，从起点可以直接获得主干目录，并从这些主干目录再可以获得主题的分支目录。

叙事性研究（Narrative Research）：所有与故事或其他文字素材相关的系统性调研。Mind mapping

自然规划（Natural Programming）：创造一个可以更易学习和更易于操作的系统。

技术自然（Naturology）：将自然与技术结合而成的合成词。

观察性研究（Observational Research）：通过聚精会神、仔细观察所有素材而进行的系统性的调查与研究。

有机工程（Organic Engineering）：将有机的、水培的、气培的或复合养殖技术设计座位一种工程系统进行设计。

可编程微控制器（Programmable Micro-controllers）：另一个常用术语是可编程的交互式控制器，或PIC微控制器。PIC是可以通过编程完成海量任务的电子电路。

重新调整目标（Re-purposing）：以一种全新目的，将材料、物品或事物的重新使用的实践。

自我反思或自我修正（Self-reflection/Self-editing）：在你的设计过程中，停下来，在推进之前，以一种深思熟虑的方式对于已经完成的工作进行评价的方法。

形态记忆合金 [ Shape Memory Alloy（SMA）]：是一种功能性材料。SMA吸引人的潜能包括其百分之几的可反转张力、高性能的回复力以及托举重物能力的产生。SMA在工业生产中大多被用于开关中，例如冷却回路阀门、火警探测系统封窗门装置。作为一种驱动器，SMA是非常受欢迎的，因为动力系统可以精简到只使用一根SMA线。SMA线取代了所有的复杂的动力系统，更简洁和可靠，由于没有电气组件，形态记忆驱动器可以成为一个安静的、阻力减少和无火花的装置。

形状记忆材料（Shape Memory Materials）：具有从变形状态回复到原始状态能力的物质或元素。

智能材料和技术（Smart Materials and Techno-logies）：设计出来的、具有一种或者多种性能的材料和技术，这些性能可以根据受控于外部刺激的样式进行变化，例如，压力、温度、电场或磁场以及pH。

空间挪用（Space Appropriation）：梅莉塔·鲍梅斯特创造的一个术语，用来描述将公共空间或环境变为自己的空间或环境的做法，并加之以自己的形象。

共生（Symbiotic）：不同的有机物、创意、概念或视觉形象共同存在于一体。

工艺细节图（Technical Drawing）：通过计算机辅助设计软件绘制出能够反映工艺细节的方法（针法、结构、重复印花等）

技术自然学（Techno Naturology）：这种结构仔细考虑薄木片与形态记忆合金或聚合物之间的比例关系。在有限空间内研究生长规律，如变形树根和大脑中的神经元的生长。这些结构可以使材料支撑它本身，并在运转过程中通过减少摩擦来增强变形的灵活性。

构造运动（Tectonic Movement）：利用人工技术激活和刺激大自然的技术，以创造构造运动。"技术自然学"的构造运动不仅是模仿自然的反应，而且可以增加建筑的易变性和功能性反应，并促进其与周围环境相互补足与协调。

热反应（Thermo Reactive）：纤维对温度变化所发生的反应。

双色提花（Two-colour Jacquard）：在电脑织机上实现的一种针织工艺，通过在同一层针织组织中使用两种不同色彩的纱线所形成的双色图形效果。

视觉化调研（Visual Research）：对所有可以对视觉带来刺激的素材进行的系统化的调查和研究，如视频、图片、照片、插画等。

可穿着技术（Wearable Technology）：融合了计算机和先进的电子技术的服装和配饰。设计常常会将实用功能和设计特点相结合，但也具有一种单纯意义上的评价和审美意义。

零废弃纸样剪裁（Zero-waste Pattern Cutting）：正如该名词所表明的那样，这是一种不废弃一点面料的服装结构设计和剪裁技术。设计师可以从这个立场角度出发开展设计。

# 延伸阅读

## 设计方面的书籍（Books on design）

《时尚设计基础01：调研与设计》［*Basics Fashion Dsign(01):Research*］

西蒙·希弗莱特（Simon Seivewright）著，2007，AVA 出版社

《悬垂造型设计》（*Drape Drape*）

佐藤尚子（Hisako Sato）著，2012，劳伦斯·金（Laurence King）出版社

《右脑绘画》（*Drawing on the Right Side of the Brain*）

贝蒂·托马斯（Betty Thomas）著，2001，哈勃·考林斯（Harper Collins）出版社

《时装设计师手绘本》（*Fashion Designer's Sketchbooks*）

哈维尔·戴维斯（Hywel Davies）著，2010，《时尚：1900—1999时期设计师（Fashion：The Century of the Desginers 1900–1999）》，夏洛特·席勒克（Charlotte Seelig），2000，科恩曼出版社（Konemann）

《伊萨贝尔·托莱多：时尚从里之外》［*Isabel Toldeo：Fashion from the inside out*，瓦莱丽·斯蒂尔和帕特里克·梅尔斯（Valerie Steele and Patricia Mears），2008，耶鲁大学出版社（Yale University Press）］

《你有多好不重要，重要的是你"想"要自己有多好！》（*It's Not How Good You Are, It's How Good You Want To Be*）

保罗·亚顿（Paul Arden），2003，英国费顿出版社（Phaidon Press）

《梅森·马汀·玛吉拉：20：展览》（*Maison Martin Margiela：20：The Exhibition*），鲍勃·沃赫斯特和卡特·戴勃（Bob Verhelst and Kaat Debo），2008，安特卫普时尚博物馆（MoMu）

《纸样魔力》（*Pattern Magic*），中道友子（Tomoko Nakamichi），2012，劳伦斯·金（Laurence King）出版社

《川久保玲：拒绝时尚》（*Rei Kawakubo：Refusing Fashion*）

哈罗德·科达（Harold Koda），西尔维亚·拉文（Sylvia Lavin），朱迪斯·斯尔曼（Judith Thurman），2008，底特律当代艺术博物馆（MOCAD，Museum of Contemporary Art, Detroit）

《皮肤＋骨骼，时尚与建筑的对比实践》（*Skin+Bones，Parallel Practices in Fashion and Architecture*）

帕特里克·梅尔斯（Patricia Mears）和苏珊·希德劳斯卡斯（Susan Sidlauskas），2006，泰晤士和哈德逊出版社（Thames and Hudson）

《设计过程》（*The Design Process*）

卡尔·阿斯佩伦德（Karl Aspelund）著，2006，仙童出版社（Fairchild Publishing）

《时装设计元素》（*The Fundamentals of Fashion Design*），理查德·索格尔和詹妮·阿黛尔（Richard Sorger and Jenny Udale），2007，AVA 出版社

《沃霍尔经济：时尚与艺术如何推动纽约》（*The Warhol Economy How Fashion & Art Drive New York City*）

伊丽莎白·库瑞德（Elizabeth Currid），2008，普林斯顿大学出版社（Princeton University Press）

《时尚中的视觉调研方法》（*Visual Research Methods in Fashion*）

朱丽叶·盖姆斯特（Julia Gaimster），2011，伯格出版社（Berg Publishing）

《视觉调研：艺术与设计中调研过程的引导》（*Visualizing Research：A Guide to The Research Process in Art and Design*）

卡罗尔·格雷（Carole Gray）和朱利安·马林（Julian Malins），2004，阿什盖特出版社（Ashgate Publishing Ltd.）

## 概念店

一种品牌和产品的特别混合体可以被认定为"概念店"。它是一种时尚的购物体验，总会保持持续的运转和高度的创新。店铺总会强调特定的客户群体：例如，喜欢奢华的、偏重设计感和街头服装的消费者。产品线和品牌线宽泛，而且一些店铺可以通过有规律地改变楼层陈列和产品保持灵活性和新鲜感。

**安特卫普**
Http://www.clinicantwerp.com

**Berlin**
Http://xxx–berlin.com

**London**
www.doverstreetmarket.com

**Los Angeles**
www.mossonline.com

**Milan**
www.10corsocomo.com

**New York**
www.grandopening.org
www.mossonline.com

**Paris**
www.colette.fr

**San Francisco**
www.harputsmarket.com

**Tokyo**
www.opengingceremonu.us/about/tokyo.html

## 网页/博客

**Design Milk**
Http://design-milk.com

**Ecouterre**
www.ecouterre.com(sustainablity)

**Edelkoort**
www.edelkoort.com/trendtablet
[ 有远见的预测（visionary forecasting）]

**时尚（Fashionary）**
http://fashionary.org/blog

**终极时尚（Final Fashion）丹尼尔·梅德尔
（Danielle Meder）**
http://fianlfashion.ca

**Outsapop 奥帝·佩（Outi Pyy）**
www.outsapop.com（对于通过制作开展设计的
设计师是很好的资源）

**新博物馆（New Museum）**
www.newmuseum.org
[ 纽约博物馆（New York Museum）]

**慢零售（Slow Retail）**
http://slowretailen.wordpress.com
（令人感兴趣的零售概念)

**创新者项目（The Creator's Project）**
http://thecreatorsproject.com（灵感、裁剪方
面前卫的创新和工艺inspiring，cutting edge
innovation and technology）

**潮流之地（Trend Land）**
http://trendland.com（及时更新的艺术与设计
方面的最酷作品cool updates on art/design
objects）

## 杂志和出版物

一本由马丁·斯特本策划的杂志
《另一种杂志》（*Another Magazine*）
《开花》（*Bloom*）
《年少轻狂》（*Dazed and Confused*）
*Elle*
*Encens*
*Harper' Bazaar*
*I-D*
《访谈》（*Interview*）
*Numero*
《尼龙》（*Nylon*）
*Paper*
《马尾辫》（*Ponytail*）
*Surface*
《纺织品观察》（*Textile View*）
*V*
*Viewpoint*
《幻想家》（*Visionnaire*）
*Vogue*
*Wallpaper*
《女装时报》[ *Women' s Wear Daily*（*WWD*）]

## 国际时装设计大赛

**时装艺术（Arts of fashion）**
http://www.art-of-fashion.org

**耶尔（Hyeres）**
http://www.villanoailles-hyeres.com

**国际设计师扶持（ITS International Talent
Support）**
http://www.itsweb.org

**MITTELMODA**
http:// www.mittlemoda.com

# 索引

# 致谢

本书是我从事时尚行业23年、任教8年所积累知识的体现，还包括面对学生、在设计过程中引导他们寻求解决方案的无限时光。多年来，如此丰富的阅历和人们造就了我的能力，鼓励着我形成自己的思想，并最终完成本书。

在帕森斯新设计学院度过的几年中，我总是会超越我的局限性，从个性化、专业化和学术角度提升和挑战自我。

如果没有我的研究助理——约瓦纳·米拉拜尔（Jovana Mirabile）和玛丽·贝斯·巴尚德（Mary Beth Bachand）的完美协助，我将无法完成本书，是他们花费了大量的时间撰写访谈、上传图片，并确保我没有偏离正轨。

诚挚感谢同意参与本书编写的所有支持者以及在最终确定所有内容与图片之前，不厌其烦地反复修改。感谢你们将你们的设计过程进行剖析，使其他人可以从中（学习）获益。

致雪莉·福克斯（Shelly Fox），如此慷慨地为本书撰写前言。同样还要感谢约翰·霍普金斯（John Hopkins），凡·迪克·里维斯（Van Dyk Lewis）和海勒瑞·霍林沃斯（Hilary Hollingworth）对早期内容的审阅。

致AVA出版社的卡洛琳·瓦尔穆斯丽（Caroline Walmsley）从始至终坚信本书的出书理念。致我的编辑，利菲·库敏斯（Leafy Cummins）花费无以计数的时间为本书赋予鲜活的生命。

致我的母亲，她牺牲了她的梦想来成全我的梦想。致我的父亲，他总是坚信我可以做成每件事。

最后，致我的不可思议的灵魂伴侣和丈夫——马克。无法用语言表达我对你所做的一切的感谢。感谢你提出的无价的反馈意见和修改，使本书文字更加丰富且易于理解。

感谢上帝成就我的所有荣耀！

## 图片诚信声明（图片来源）

安德莉亚·查奥（Andrea Chao）

高兹沃斯（Goldsworthy）的剧照由托马斯·雷德尔塞默（Thomas Riedelsheimer）提供。

莉亚·门德尔松（Leah Mendelson）

摄影师：艾德里安·斯宾塞·帕拉（Adrian Spencer Parra）。

奥拉·泰勒（Aura Tylor）

模特：朱丽叶·维珀（Julia Whippo）；

化妆：林塞·阿里尔·考迪利亚（Lyndsey Ariel Caudilla）；

发型：罗宾·尼科尔（Robyn Nicole）；

摄影师：尤拉特·沃瑟瑞特（Jurate Veceraite）；

摄影助理：阿娜尔·威尔（Anaelle Weill）；

张力整体结构关系图由本·弗朗兹·戴尔（Ben Frantz Dale）提供。

**出版者的话**

伦理学主题并不新鲜，但是在应用视觉艺术领域内的思考却并未达到应有的流行程度。在此，我们旨在为这一重要领域内的新一代学生、教育工作者和从业者找到一种建构他们思想和表达的方法。

AVA出版社希望"与伦理学同行"的页面可以为这些思考提供一个平台，为教育工作者、学生和专业人士提供一种灵活的方法将伦理学与他们工作相结合。我们的方法由四个部分组成：

引言部分（Introduction）主要是对伦理学概念的简短描述，既包括历史发展，也包括当前突出的主题。

为你的延伸阅读（Further Reading）提供选择，从更为细节的角度对特定趣味领域进行思考。

框架部分（Framework）将伦理思考定位为四个领域，并提出可能出现的、与实际结论相关的问题。按照你对每一个问题回答的分级进行打分，使你通过对比对你的反应进行深入研究。

案例研究（Case Study）设立了一个真实的课题，并指出一些需要深入思考的伦理问题。这是一个争论的焦点，而不是一个批评性的分析，因此，也没有预先确定的对或错的答案。

莱尼·埃尔文斯
纳奥米·古尔德

Ethical:
aware-
ness/
reflect-
ion/
debate

## 引言（Introduction）

伦理学是一门复杂的学科，它将社会责任感的概念与事关个人品格与幸福的各种思考交织在一起。它不仅关注同情、忠诚和强大的美德，而且也关注自信、想象力、幽默和乐观。正如古代希腊哲学中所介绍的那样，基本的道德问题是"我应该做什么"？我们应该如何去追寻一种"美好"的生活，这不仅引发了我们对于自身行为对他人产生影响的道德关怀，而且也对我们自身的完善予以关注。

在现代社会里，伦理学中最重要，也最具争议的问题已经成为道德问题。随着人口数量的增长以及流动性和沟通能力的提高，如何在星球上共同建构我们的生活，应该毫无疑问地摆到当前位置来考虑。对于视觉艺术家和传播者来说，这些思考无疑也会进入他们的创作过程之中。

一些伦理思考已经被纳入政府的法律和法令或者专门的职业行为规范中。例如，剽窃和破坏机密可以构成受到惩罚的违法行为。不同国家的法律将剥夺残疾人获取信息和空间的行为视为违法。在许多国家，进行象牙交易已经被严令禁止。在这些案例中，对于不能接受的行为已经做出明确的规定了。

但是，在专家和非专业人士中，大多数伦理问题仍然还处于讨论之中，而且，最终，我们不得不在我们自己的导向原则或者价值观的基础上做出选择。为一家慈善机构工作会比为一家商业化的公司工作更具有伦理感吗？创作出被他人认为很丑或者令人不快的作品就是没有伦理感吗？

这些具体的问题也许会引发更为抽象的问题。例如，只对人类带来影响的（令他们关心的）事物才是重要的吗，或者只有对自然界带来影响的事物才需要关注吗？

甚至需要通过伴随其中的伦理丧失来给出证明推广伦理的重要性吗？一定要有单一的、统一的伦理理论（例如正确的行为总是能够为大多数的人们带来最大限度幸福感的有效论点），或者是否总是存在将一个人引往不同方向的众多的伦理标准吗？

当我们从个人的和专业化的层面进入伦理辩论并忙于这些进退两难的问题时，我们需要会改变我们自己的观点或者会改变我们对于他人的观点。当我们考虑这些问题时，真正的测试则是看我们是否改变了我们的行为方式以及我们思考问题的方式。苏格拉底（Socrate），哲学之父，提出了如果人们知道什么是正确的，就会自然而然地做出正确的行为。但是，这种观点也许只能使我们想起另一个问题：我们怎么知道什么是正确的呢？

### 延伸阅读（Further Reading）

美国平面设计协会［AIGA（American Institute Of Graphic Arts）］
《设计商业与道德》（Design business and ethics）
2007，美国平面设计协会（AIGA）

伊顿（Eaton），玛西亚·穆尔德（Marcia Muelder）
《美学与美好生活》（Aesthetics and the good life）
1989，联合大学出版社（Associated University Press）

艾里森（Ellison），大卫（David）
《欧洲现代主义文学中的道德与美学》（Ethics and aesthetics in European modernist literature）
2001，剑桥大学出版社（Cambridge University Press）

芬纳（Fenner），大卫［David EW(Ed.)］
《道德与艺术：选集》（Ethics and the arts: an anthology）
1995，加兰社会科学参考书图书馆（Garland Reference Library of Social Science）

基尼（Gini），阿尔［Al(Ed.)］
《商业道德案例》（Case studies in business ethics）
2005，普伦蒂斯·霍尔出版社（Prentice Hall）

麦克多诺（McDonough），威尔姆和布劳恩加特（William and Braungart），迈克尔（Michael）
《从摇篮到摇篮：重构我们做事的方式》（Cradle to Cradle: Remaking the Way We Make Things）
2002，North Point Press

帕帕内克（Papanek），维克托（Victor）
《为现实而设计：量身定制》（Design for the Real world: Making to Measure）
1972，英国泰晤士与哈德森出版社（Thames & Hudson）

联合国（United Nations）
《全球契约十项原则》（Global Compact the Ten Principles）
www.unglobalcompact.org/AboutTheGC/TheTenPrinciples/index.html

**你的具体要求（Your Specifications）**
**你所选材料的影响是什么？**

在近期，我们刚刚了解到许多天然材料已经处于供应短缺的状态。同时，我们逐渐意识到一些人造材料对人或者星球是有害的并长期起作用的。你如何了解你所使用的材料呢？你知道它们从哪里来，它们经历了多长的旅程，而且它们是在什么样的情况下获得呢？当你的创造物不再被需要时，它会很容易和很安全地得到回收吗？它会消失得无影无踪吗？这些考虑都是你的责任或者超出了你的控制吗？

运用以下的分数级别，为你所选择材料的伦理道德感打分。

**你（You）**
**你的伦理道德信 仰是什么？**

你做的所有事情的核心就是你对于你周围的人和事的态度。对于一些人来说，他们的伦理感是他们每天作为消费者、选举者或者专业人士做出决定中的积极部分。而另外一些人也许认为伦理感是很少存在的，而且这也不会使他们缺乏伦理感。个人信仰、生活方式、政治、国籍、宗教、性别、级别或者教育状况都会对你的伦理观点带来影响。

运用以下的分数级别，你将把你自己置于何处呢？你将对你所做出的决定进行怎样的考虑呢？与你的朋友或同事的结论进行对比。

**你的创作（Your Creation）**
**你工作的目的是什么？**

在你、你的同事以及达成一致的任务之间，你的创作应该达到什么程度？它在社会中的用途是什么，而且它是否会作出积极的贡献？你的工作应该带来比商业成功或者企业奖励更多的东西吗？你的创作可以救人、教育人、保护人或者给人带来灵感？形式和功能是判断一个创作的两个成熟的方面，但是对于视觉艺术家和传播者面向社会所肩负的责任义务，或者他们在解决社会或者环境问题上应该起到的作用方面却存在较少共识。如果你想作为一个创作者被认可，你对你所创作的事物负有多少责任，而且这种责任到哪里终止呢？

运用以下的分数级别，为你工作目的的伦理道德感打分。

**你的客户（Your Client）**
**你们的关系是什么？**

对于伦理感能否融入项目及你日常行为来说，工作关系是核心问题，是你的职业道德的证明。具有最大影响力的决定在于你将选择与谁合作。当我们谈论分界线在哪里时，烟草公司或者军火交易商是常被引用的例子，但是真实的情况没有那么极端。当从伦理道德角度来看，怎样的程度才会使你拒绝一个项目，而且你赖以维持生计的实际状况将对你的选择态度带来怎样的影响？

运用以下的分数级别，你将把自己置于何处？如何将这一点与你个人的道德标准进行对比呢？

## 案例研究（Case Study） 羽毛披风

　　时装设计进退两难的一个方面就是服装产品已经从速度的角度改变了产品送达的方式以及现在国际化的供应链。"快速时尚（Fast Fashion）"给予购物者最新的款式，有时是在它们首次出现的T台上之后的几个星期，而价格则意味着它们配套穿着一次或者两次后就可以被换掉了。由于贫穷国家的劳动力成本较为低廉，所以西方的大多数服装都是在亚洲、非洲、南美洲或者东欧国家的不利的、有时是残酷的工作环境中加工生产。在这些服装最终到达高街店里之前，一件服装是由来自相隔几千里的五个甚至更多个国家加工的零部件组合在一起的，这是很常见的事情。如果由零售商控制生产，由消费者驱动需求，那么在这种情况下，一位时装设计师应该具有怎样的责任呢？即使设计师希望将时尚的社会影响力减少到最小，那么他们做些什么事情才会最有帮助呢？

时尚只不过是一种令人不堪忍受的丑陋形式，所以，我们被迫每六个月就去将它改变一次。

奥斯卡·威尔德（Oscar Wilde）

## 羽毛披风（Feather Capes）

　　传统的夏威夷人的羽毛披风是由上千个微小的鸟羽制作而成的（被称为Ahu'ula），而且由男性穿着，是显示贵族王权标志的必不可少的部分。最初，它们是红色的（Ahu'ula最初的意思就是"红色的服装"），但是因为黄色羽毛非常罕见，价钱也变得越来越高，所以主要用来作为图案装饰。

　　尽管在最近一段时期内人们对于它们的起源产生越来越浓厚的兴趣，但是图案的意义以及它们的准确年龄或者产地都是未知的。英国探险者詹姆斯·库克船长（Captain James Cook）在1778年访问了夏威夷，当时被带回大不列颠的物品当中就有羽毛披风。

　　基础图案被认为是对上帝或者祖先神灵、家族亲属以及个人在社会当中的官衔和地位的反应。没有两件羽毛披风是一样的（19世纪后期的复制品除外）。大多数披风是为了特定的个人而设计的，据说当制作披风时，人的大脑中不会产生邪恶思想等杂念；取而代之的是，他们会把焦点放在穿着披风者未来的爱、长寿、良好健康、名誉和成功之上。

　　这些服装的基础层是一张用纤维连接而成的网，表面则由大量的羽毛层叠排列地捆绑在网上。红色羽毛来自于'i'iwi或者白臀蜜鸟（'apapane）。黄色羽毛来自于翅膀下带有黄色斑点的黑色鸟（被称为'oo'oo），或者是尾巴上部和下部带有黄色羽毛的马莫（Mamo）。

　　高级首领的一件披风是由成千上万的羽毛制成的［据说卡米哈米哈国王（King Kamehameha）的羽毛披风是由将近80000只鸟的羽毛制成的］。只有最高级别的首领才能获得制作整身长度披风所需的足够羽毛资源，但是大多数首领都穿着短至肘部的披风。

　　对于特殊羽毛的需求如此之大，以至于它们具有商业价值，并为专业的羽毛猎获者提供全职工作。这些捕野禽者研究鸟类并用网或者在树枝上涂上粘鸟胶来捕捉它们。因为'i'iwi或者白臀蜜鸟（'apapane）都覆盖着红色羽毛，所以鸟儿都被捕杀和剥皮。其他鸟儿都在换羽季节开始时被捕捉，当黄色羽毛变松了以后，就可以在不伤害鸟儿的情况下轻松拔掉羽毛。

　　夏威夷皇室家族最终放弃了羽毛披风，因为军队和海军制服的官衔标记都装饰有织带和金色。羽毛披风被当作可以进行赠予或者售卖的其他物品。黑色鸟（'oo'oo）和马莫（Mamo）也在它们摄食的森林遭到破坏及鸟类疾病输入后逐渐灭绝了。银子和金子代替了红色和黄色的羽毛成为交易指定的货币，而羽毛披风的制作成为几乎被人遗忘的艺术。